轻松打造爆款短视频

抖音+快手拍摄与后期大全

龙 飞 编著

清华大学出版社
北 京

内容简介

15 个拍摄修片专题，从爆款内容的定位和人设魅力的打造技巧，到高清视频的拍摄和处理技巧等，应有尽有，帮助大家从新手快速成为短视频创作高手。

168 个高手干货技巧，从手机短视频的拍摄、剪辑、滤镜、转场、字幕、音乐、道具、运镜、特效、后期等各个层面，完成小视频到大电影级的华美转变！

两大热门短视频平台，抖音＋快手的核心技巧集于一书，爆款内容＋拍摄技巧＋后期处理，一站式轻松掌握！从"拍什么（爆款内容篇）＋怎么拍（拍摄技巧篇)+怎么修（后期处理篇）"等角度，用实操攻略＋经典案例的写法，解决短视频的内容、拍摄和后期处理的痛点与难点，帮助大家轻松拍出爆款短视频。

本书适合广大快手、抖音短视频运营者，或者是摄影和后期处理人员，同时也可作为短视频、新媒体相关专业的教材。

图书在版编目 (CIP) 数据

轻松打造爆款短视频：抖音＋快手拍摄与后期大全 / 龙飞 编著 . —北京：清华大学出版社，2020.9
ISBN 978-7-302-56159-0

Ⅰ．①轻…　Ⅱ．①龙…　Ⅲ．①视频制作　Ⅳ．① TN948.4

中国版本图书馆 CIP 数据核字 (2020) 第 143489 号

责任编辑：李　磊
封面设计：杨　曦
版式设计：孔祥峰
责任校对：成凤进
责任印制：沈　露

出版发行：清华大学出版社
　　　　网　　址：http://www.tup.com.cn，http://www.wqbook.com
　　　　地　　址：北京清华大学学研大厦A座　　　　邮　　编：100084
　　　　社 总 机：010-62770175　　　　邮　　购：010-62786544
　　　　投稿与读者服务：010-62776969，c-service@tup.tsinghua.edu.cn
　　　　质 量 反 馈：010-62772015，zhiliang@tup.tsinghua.edu.cn
印 装 者：三河市君旺印务有限公司
经　　销：全国新华书店
开　　本：140mm×210mm　　印　　张：9.125　　字　　数：358千字
版　　次：2020年10月第1版　　印　　次：2020年10月第1次印刷
定　　价：79.00元

产品编号：086336-01

前　言

P R E F A C E

2020年9月15日,北京字节跳动公司CEO张楠在抖音创作者大会上表示"截至2020年8月,抖音(含抖音火山版)的日活跃用户已经超过了6亿。"同时,抖音市场负责人史琼表示:"未来一年,抖音将投入价值100亿元流量资源,将帮助创作者在抖音赚到800亿元。"

再看快手,根据快手大数据研究院发布的《2019快手内容报告》显示,快手日活跃用户已突破3亿(截至2020年2月),快手App内有近200亿条海量视频。另外,根据《2020快手内容生态半年报》显示,自2019年7月至2020年6月,有3亿用户在快手发布作品,同时快手直播日活跃用户超1.7亿。

由此可见,短视频已经成为人们生活中一种常用的娱乐消遣方式,甚至成为很多人生活的一部分,大量用户还以短视频拍摄和运营为职业,从中获得更多的发展机会。一个成功的爆款短视频,能够让拍摄者、运营者和演员在短时间内吸引大量观众注意。

同时,短视频行业巨大的日活跃用户数量,说明这个领域充满了市场和机遇。

对于互联网时代来说,流量在哪里,哪里就有商机。因此,很多企业也在不断学习使用短视频这种有效的引流和营销工具。但是,大家到底应该如何做呢?相信很多人现在会产生一系列疑问。

- ○ 费尽心力拍摄的短视频,为什么最后却石沉大海?
- ○ 如何拍摄短视频,才能吸引更多用户关注和点赞?
- ○ 短视频后期如何处理,才能让作品更优质更好看?

目前,市场上的短视频书籍虽然比较多,但大部分都是专注于运营和变现的内容,真正讲解拍摄和后期处理的书非常少。基于此,笔者根据自己多年的实操经验,同时收集大量抖音和快手中的爆款短视频作品,结合这些实战案例来策划和编写这本书,希望能够真正帮助大家提升自己的短视频内容策划、拍摄和后期技能。

本书从大量热门短视频中提炼出实用的、有价值的技巧,帮助大家了解如何策划短视频内容,如何拍摄高质量短视频作品,如何对短视频进行后期处理,让大家能够轻松拍出爆款短视频,打造个人IP和提升品牌形象,并从中赚取丰厚的利润。

本书在编写过程中,笔者始终围绕读者最感兴趣、最想要学习的短视频知识,将其总结为3个要点,分别为拍什么、怎么拍、怎么修,来展开全书的内容,具体内容分布如下。

（1）拍什么：爆款内容篇

想做短视频运营的人非常多，但是当大家进入这个行业后，就会发现坚持一两天没问题，但长久做下去就不知道该拍些什么内容了。笔者在本书开始便安排了 5 大章节来专门讲解爆款内容的策划和拍摄技巧，其中包括内容策划、人设标签、拍摄场景、拍摄对象、拍摄题材、内容形式、创意视频和带货视频等，帮助用户快速对自己的账号进行定位，找到内容创作的方向。

（2）怎么拍：拍摄技巧篇

有了好的内容定位和风格，接下来大家还需要掌握短视频的实用拍摄技巧，包括拍摄设备、录音设备、灯光设备、拍摄姿势、取景构图、运镜手法等常用技巧，以及抖音、快手的基本拍摄功能和直播录制的方法，让大家"一招鲜，吃天下"。

（3）怎么修：后期处理篇

本书挑选了比较实用的抖音、快手和剪映这 3 款 App 来重点讲解短视频的后期处理技巧，具体内容包括特效玩法、道具玩法、字幕玩法、后期剪辑、色调调整、创意背景、动画转场、视频合成、音频处理等，这些都是做短视频后期必备的知识点，掌握并灵活运用这些技巧，能够让你在创作短视频时更加得心应手。

本书的特色主要体现在 3 个方面，具体如下所述。

（1）实用干货：挑选 168 个极具实用性的案例进行透彻地讲解，干货满满！

（2）内容全面：拍什么、怎么拍、怎么修，短视频拍与修大全集，一步到位！

（3）案例实操：通过分步讲解形式演示案例实操技巧，一看就懂，一学就会！

本书主要面向抖音、快手玩家和新媒体的运营人员，从内容定位到拍摄技巧，再到后期处理方法，层层深入，帮你轻松拍出爆款短视频。同时，本书结合采集大量抖音、快速平台上的经典案例，深入剖析其内容风格、拍摄和制作技巧，力求帮助大家快速从新手成为高手，涨粉盈利！

本书由龙飞编著，参与编写和提供素材的人员还有苏高、包超锋、严茂钧、黄玉洁、刘伟、颜信、高彪、杨婷婷、彭爽、胡杨、夏洁、唐艳梅、卢博、黄海艺、王群、谭文彪、谭焱、徐必文、黄建波、王甜康、罗健飞等，在此表示感谢。由于作者知识水平所限，书中难免有疏漏和不足之处，恳请广大读者批评、指正，联系微信：157075539。

特别提醒：书中采用的抖音和快手案例，包括账号、作品、粉丝量和相关数据，都是写书当时的截图，若图书出版后有更新，请以出版后的实际情况为准。

为了帮助读者更好地拍摄短视频，赠送价值 200 元的 3 本手机摄影技法电子书，请扫描右侧的二维码，然后将内容推送到自己的邮箱中，即可下载获取相应的资源。

编　者

目　录

C O N T E N T S

第1章　内容策划：形成独特鲜明的人设标签　001

001　账号定位：打上标签，让更多人喜欢你……………………002

002　风格统一：有辨识度，打造人格化的 IP…………………003

003　推荐机制：了解算法，频出爆款带你火…………………004

004　剧本策划：确定方向，有高低落差和转折………………005

005　演员选择：人物出镜，获得更多流量倾斜………………006

006　场地选择：环境美观，根据剧情走向确认………………007

007　Vlog 视频：挖掘爆款逻辑，提升内容竞争力……………009

008　模仿爆款：复刻内容，剖析爆款背后秘密………………011

009　参加挑战赛：快速聚集流量，传播效果极强……………012

010　工会机构：抖音、快手平台轻松实现 MCN……………013

011　运营技巧：4 个维度，提升账号推荐权重………………014

第2章　拍摄场景：热门短视频常用拍摄对象　017

012　人物拍摄：这样拍人像才能出大片………………………018

013　宠物拍摄：轻松记录萌宠搞怪瞬间………………………020

014　动物拍摄：随时准备抓到生动镜头………………………022

015　风光拍摄：绝美风景惊艳观众眼球………………………024

016　城市拍摄：拍摄城市建筑风光大片………………………026

017　天气拍摄：不同天气场景的拍摄技巧……………………028

018　树木拍摄：把路边普通的树拍出大片……………………032

019　花卉拍摄：简单几步把花拍出创意美……………………033

020　美食拍摄：拍出秒杀朋友圈的小视频……………………035

021　职场拍摄：打造持续吸粉的"职场剧"……………………038

第3章 拍摄题材：10大火爆短视频内容形式 039

022 搞笑类短视频的拍摄技巧 ………………………………………… 040
023 舞蹈类短视频的拍摄技巧 ………………………………………… 041
024 音乐类短视频的拍摄技巧 ………………………………………… 042
025 情感类短视频的拍摄技巧 ………………………………………… 044
026 连续剧短视频的拍摄技巧 ………………………………………… 045
027 正能量短视频的拍摄技巧 ………………………………………… 046
028 侦探类短视频的拍摄技巧 ………………………………………… 047
029 家居物品类短视频的拍摄技巧 …………………………………… 048
030 探店类短视频的拍摄技巧 ………………………………………… 049
031 技术流类短视频的拍摄技巧 ……………………………………… 051

第4章 创意视频：把热点抓住，想不火都难 052

032 电影解说：二次原创，一分钟浓缩的精华 ……………………… 053
033 游戏录屏：小白也能轻松录制游戏短视频 ……………………… 055
034 课程教学：拍摄知识技能分享类短视频 ………………………… 057
035 翻拍改编：寻找经典镜头，创意如此简单 ……………………… 059
036 热梗演绎："魔性洗脑"，制造话题热度 ……………………… 060
037 剧情反转：反差强烈，产生明显对比效果 ……………………… 061
038 换装视频：自带话题属性，吸引观众兴趣 ……………………… 062
039 合拍视频：蹭热门流量，增加作品曝光度 ……………………… 063
040 节日热点：蹭节日热度，增加短视频人气 ……………………… 064
041 创意动画：创作引人注目的动画视频内容 ……………………… 065

第5章 带货视频：打造能带货卖货的短视频 068

042 抖音带货：短视频成为最佳卖货渠道 …………………………… 069
043 快手带货：推动产品销量几何式增长 …………………………… 073
044 主角人设：复制百万粉丝的带货套路 …………………………… 074
045 产品拍摄：拍出能吸引人的带货视频 …………………………… 075
046 场景植入：巧妙引出产品，植入不突兀 ………………………… 077
047 突出功能：形成独特的品牌标签记忆 …………………………… 078

048 开箱测评：一分钟拍出炫酷的开箱视频 ·········· 078
049 效果反差：让短视频内容更加精彩有趣 ·········· 079
050 励志鸡汤：引起精准消费者群体的共鸣 ·········· 080

第6章 拍摄技巧：轻松拍出百万点赞量作品 081

051 拍摄设备：根据实际的需求选择 ·········· 082
052 录音设备：选择性价比高的品牌 ·········· 084
053 灯光设备：注意光线增强美感度 ·········· 085
054 辅助设备：拍出电影级观看效果 ·········· 087
055 精准聚焦：保证视频画面清晰度 ·········· 089
056 专业模式：适合特殊的拍摄需求 ·········· 089
057 相机设置：拍出精致短视频内容 ·········· 090
058 拍摄姿势：超火的网红拍照姿势 ·········· 092
059 取景构图：让观众眼球聚焦主体 ·········· 092

第7章 抖音拍摄：快速拍出爆款精彩短视频 094

060 选择模式：认识抖音的 6 大拍摄模式 ·········· 095
061 快慢速度：调整音乐和视频的匹配度 ·········· 097
062 倒计时功能：用远程控制暂停更方便 ·········· 098
063 添加滤镜：瞬间提升视频作品的品质 ·········· 099
064 美化功能：轻松打造自然的美颜效果 ·········· 100
065 闪光灯功能：加强弱光环境的曝光量 ·········· 102
066 抢镜功能：消除距离感，增加互动性 ·········· 103
067 裁剪视频：快速去除多余的镜头画面 ·········· 104
068 画质增强：一键提高抖音的拍摄画质 ·········· 106
069 自动字幕：一键识别声音并添加字幕 ·········· 107
070 添加贴纸：提升短视频的颜值和气质 ·········· 109
071 发布视频：这样发抖音，轻松上热门 ·········· 112

第8章 快手拍摄：这样拍视频更能博人眼球 117

072 选择尺寸：调整短视频画面的大小 ·········· 118
073 定时拍摄：设置倒计时与定时停功能 ·········· 120

074 美化拍摄：帮你塑造完美的人物形象 ························· 122
075 K 歌模式：轻松录制歌曲或音乐 MV ························· 125
076 剪切视频：删除视频中的某些画面 ·························· 129
077 设置封面：让用户一眼便关注到你 ·························· 131
078 创意涂鸦：让你的视频散发无穷魅力 ························ 133
079 快闪视频：使用模板制作简单而快捷 ························ 135
080 同框拍摄：快速制作同框合拍短视频 ························ 138
081 上传照片：制作图集、照片电影或长图 ······················ 140
082 时光影集：一起重温手机中的精彩瞬间 ······················ 143

第9章　直播录制：让直播间人气爆棚的技巧　146

083 开通快手直播权限的方法 ······························· 147
084 开通抖音直播权限的方法 ······························· 148
085 直播需要准备的硬件设备 ······························· 150
086 做好直播的开播模式设置 ······························· 152
087 直播功能玩法与互动技巧 ······························· 155
088 了解平台规范提升直播效果 ····························· 158
089 快速获得高人气的直播技巧 ····························· 159
090 轻松提升直播间收益的技巧 ····························· 160

第10章　镜头运动：Vlog大神们的运镜手法　162

091 镜头拍摄：了解固定镜头、运动镜头 ························ 163
092 镜头角度：平角、斜角、仰角、俯角 ························ 163
093 镜头景别：特写、近景、中景、远景 ························ 165
094 推拉运镜："推"突出主体，"拉"交代环境效果 ················· 166
095 横移运镜：打破画面局限，产生跟随视觉效果 ·················· 168
096 摇移运镜：描述空间，产生身临其境的视觉感 ·················· 169
097 甩动运镜：表现变化性事物，产生极强冲击力 ·················· 171
098 跟随运镜：强调画面，产生强烈的空间穿越感 ·················· 171
099 升降运镜：表现高大物体的细节，产生高度感 ·················· 172
100 环绕运镜：巡视被摄对象，打造出三维空间感 ·················· 173
101 移动变焦：希区柯克式变焦，营造出动态效果 ·················· 173
102 低角度运镜：模拟宠物视角，拍出强烈空间感 ·················· 174

第11章 特效玩法：打造技术流酷炫短视频 **175**

103 抖音"梦幻"特效：快速提高作品质量 …………………… 176
104 抖音"自然"特效：轻松模拟气象效果 …………………… 178
105 抖音"动感"特效：让短视频瞬间带感 …………………… 179
106 抖音"转场"特效：增强短视频冲击力 …………………… 180
107 抖音"分屏"特效：让你的视频更有料 …………………… 181
108 抖音"装饰"特效：为短视频角色加分 …………………… 182
109 抖音"时间"特效：让短视频更加有趣 …………………… 183
110 快手"画面"特效：节奏欢快动感十足 …………………… 184
111 快手"分屏"特效：脑洞大开更有创意 …………………… 186
112 快手"时间"特效：让你的视频与众不同 ………………… 187

第12章 道具玩法：学会你也能变身为网红 **188**

113 抖音魔法道具：酷炫的短视频玩法 ……………………… 189
114 热门话题道具：获取亿级的播放量 ……………………… 190
115 抖音装饰道具：让人物角色更生动 ……………………… 192
116 抖音新奇道具：创意道具百玩不厌 ……………………… 193
117 抖音搞笑道具：搞怪搞笑一步到位 ……………………… 194
118 抖音滤镜道具：美颜"黑科技" …………………………… 194
119 抖音原创道具：更多流量曝光资源 ……………………… 195
120 快手氛围道具：获得更多粉丝关注 ……………………… 195
121 快手美萌道具：美丽容颜触手可得 ……………………… 196
122 快手美妆道具：让人物的颜值翻倍 ……………………… 196
123 快手萌面道具：生成有趣卡通形象 ……………………… 197
124 快手配饰道具：让时尚感顿时飙升 ……………………… 197
125 快手搞怪道具：滑稽有趣笑点更多 ……………………… 198
126 快手魔音道具：酷炫动感带动模仿 ……………………… 198
127 快手 AR 道具：获得人工智能加持 ……………………… 199
128 快手游戏道具：边拍边玩轻松吸粉 ……………………… 199

第13章 字幕玩法：快速搞定视频文字特效 **200**

129 使用抖音 App 添加短视频文字 …………………………… 201

130 使用快手 App 添加短视频文字 ················ 203
131 使用快手 App 添加字幕效果 ················ 204
132 使用剪映 App 添加文字内容 ················ 205
133 设置短视频中的文字样式效果 ················ 206
134 制作酷炫的短视频花字效果 ················ 208
135 制作有趣的短视频气泡文字 ················ 211
136 制作新颖的视频动画文字效果 ················ 214
137 自动识别短视频中的字幕内容 ················ 216
138 自动识别短视频中的歌词内容 ················ 220
139 文本朗读自动将文字转为语音 ················ 223
140 为短视频添加字幕贴纸效果 ················ 226
141 制作短视频片头镂空文字效果 ················ 229
142 制作"打字机"文字动画效果 ················ 232

第14章 视频后期：在手机上完成Vlog剪辑   236

143 对短视频进行剪辑处理 ················ 237
144 使用剪映制作画中画效果 ················ 240
145 为短视频添加酷炫的特效 ················ 243
146 为短视频添加滤镜效果 ················ 246
147 制作创意短视频背景效果 ················ 248
148 调整视频画面的光影色调 ················ 251
149 为短视频添加动画效果 ················ 254
150 为短视频添加转场效果 ················ 256
151 对两个视频进行合成处理 ················ 258
152 制作"逆世界"镜像特效 ················ 260
153 制作"灵魂出窍"特效 ················ 262

第15章 音频处理：好音乐让你快速上热门   264

154 在抖音中添加背景音乐 ················ 265
155 在快手中添加背景音乐 ················ 266
156 使用抖音剪切背景音乐 ················ 266
157 使用快手剪切背景音乐 ················ 268
158 使用抖音进行变声处理 ················ 269

159 使用快手进行变声处理·····································269
160 使用剪映录制语音旁白·····································270
161 使用剪映导入本地音频·····································271
162 裁剪分割背景音乐素材·····································272
163 消除录好音频中的噪声·····································273
164 设置音频淡入淡出效果·····································274
165 处理音频的变速与变声·····································275
166 添加有趣的短视频音效·····································276
167 一键提取视频中的音乐·····································277
168 自动踩点制作卡点视频·····································278

第 1 章

内容策划：形成独特鲜明的人设标签

学前提示

在你准备进入短视频领域、开始注册账号之前，首先一定要对自己进行定位，对将要拍摄的短视频内容进行定位，并根据这个定位来策划和拍摄短视频内容，这样才能快速形成独特鲜明的人设标签。

001 账号定位：打上标签，让更多人喜欢你

标签指的是短视频平台给用户的账号进行分类的指标依据，平台会根据用户发布的短视频内容，来给用户打上对应的标签，然后将用户的内容推荐给对这类标签作品感兴趣的观众。在这种千人千面的流量机制下，不仅提升了拍摄者的积极性，而且也增强了观众的用户体验。

例如，某个平台上有 100 个用户，其中有 50 个人都对美食感兴趣，而还有 50 个人不喜欢美食类的短视频。此时，如果你刚好是拍美食的账号，但却没有做好账号定位，平台没有给你的账号打上"美食"这个标签，系统就会随机将你的短视频推荐给平台上的所有人。这种情况下，你的短视频作品被用户点赞和关注的概率就只有 50%，而且由于点赞率过低会被系统认为内容不够优质，而不再给你推荐流量。

相反，如果你的账号被平台打上了"美食"的标签，系统就不再随机推荐流量，而是精准推荐给喜欢看美食内容的那 50 个人。这样，你的短视频获得的点赞和关注就会非常高，从而获得系统给予的更多推荐流量，让更多人看到你的作品，并喜欢上你的内容。因此，对于短视频拍摄者来说，账号定位非常重要，下面笔者总结了一些短视频账号定位的相关技巧，如图 1-1 所示。

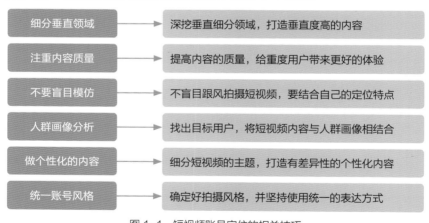

图 1-1 短视频账号定位的相关技巧

专家提醒 以抖音短视频平台为例，根据某些专业人士分析得出一个结论，即某个短视频作品连续获得系统的 8 次推荐后，该作品就会获得一个新的标签，从而得到更加长久的流量扶持。

只有做好短视频的账号定位，我们才能在观众心中形成某种特定的印象。例如，提到"陈翔六点半"，大家都知道这是个搞笑的脱口秀喜剧类账号；而提到"一条小团团 OvO"，喜欢看游戏直播的人就肯定不陌生了。

002　风格统一：有辨识度，打造人格化的IP

从字面意思来看，IP 的全称为 Intellectual Property，其大意为"知识产权"，百度百科的解释为"权利人对其智力劳动所创作的成果和经营活动中的标记、信誉所依法享有的专有权利"。

如今，IP 常常用来指代那些有人气的东西，包括现实人物、书籍动漫、影视作品、虚拟人物、游戏、景点、综艺节目、艺术品、体育等，IP 可以用来指代一切火爆的元素。如图 1-2 所示为 IP 的主要特点。

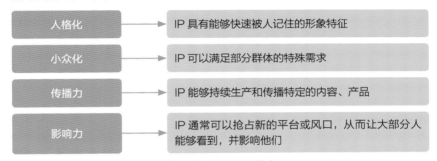

图 1-2　IP 的主要特点

在短视频领域中，个人 IP 就是基于账号定位来形成的，而超级 IP 不仅有明确的账号定位，而且还能够跨界发展。下面笔者总结了一些抖音达人的 IP 特点，如表 1-1 所示。用户可以从中发现他们的风格特点，从而更好地规划自己的短视频内容定位。

表 1-1　抖音达人的 IP 特点分析

抖音账号	粉丝数量	IP 内容特点
一禅小和尚	4389.3 万	"一禅小和尚"善良活泼，聪明可爱，而他的师傅"慧远老和尚"则温暖慈祥，大智若愚，他们两人上演了很多有趣温情的小故事
♥会说话的刘二豆♥	4215.5 万	"♥会说话的刘二豆♥"是一只搞怪卖萌的折耳猫，而搭档"瓜子"则是一只英国短毛猫，账号主人为其配上幽默诙谐的语言对话，加上两只小猫有趣搞笑的肢体动作，备受粉丝的喜爱

抖音账号	粉丝数量	IP 内容特点
Angelababy	4007.2 万	Angelababy 本身是知名的艺人，不仅有颜值和才艺，而且自带话题和流量，在娱乐圈的积累让她在抖音平台上也瞬间火爆起来
郭聪明	3786.3 万	郭聪明是一个新生代歌手，内容主要以歌曲演唱、特色配音和生活记录等为主，加上精心策划的有创意的短视频，曾创下 1 个视频涨粉 400 万的惊人纪录，并且获得了"全网年度十大短视频达人"的荣誉
多余和毛毛姐	3365.2 万	多余和毛毛姐因为一句"好嗨哦"的背景音乐而广为人知，其短视频风格能够带给观众一种"红红火火、恍恍惚惚"的既视感，有趣的内容不仅让人捧腹大笑，而且还可以让心情瞬间好起来

通过分析上面这些抖音达人，我们可以看到，他们每个人身上都有非常明显的个人标签，这些就是他们的 IP 特点，能够让他们的内容风格更加明确和统一，让他们的人物形象深深印在粉丝的脑海中。

对于普通人来说，在这个新媒体时代，要变成超级 IP 并不难，关键是我们如何去做。下面笔者总结了一些打造 IP 的方法和技巧，如图 1-3 所示。

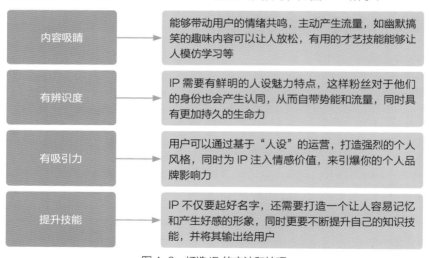

内容吸睛 → 能够带动用户的情绪共鸣，主动产生流量，如幽默搞笑的趣味内容可以让人放松，有用的才艺技能能够让人模仿学习等

有辨识度 → IP 需要有鲜明的人设魅力特点，这样粉丝对于他们的身份也会产生认同，从而自带势能和流量，同时具有更加持久的生命力

有吸引力 → 用户可以通过基于"人设"的运营，打造强烈的个人风格，同时为 IP 注入情感价值，来引爆你的个人品牌影响力

提升技能 → IP 不仅要起好名字，还需要打造一个让人容易记忆和产生好感的形象，同时更要不断提升自己的知识技能，并将其输出给用户

图 1-3　打造 IP 的方法和技巧

003　推荐机制：了解算法，频出爆款带你火

要想成为短视频领域的超级 IP，我们首先要想办法让自己的作品火爆起来，

这是成为 IP 的一条捷径。如果用户没有那种一夜爆火的好运气，就需要一步步脚踏实地地做好自己的短视频内容。当然，这其中也有很多运营技巧，能够帮助用户提升短视频的关注量，而平台的推荐机制就是不容忽视的重要环节。

以抖音平台为例，用户发布到该平台的短视频需要经过层层审核，才能被大众看到，其背后的主要算法逻辑分为 3 个部分，分别为智能分发、叠加推荐、热度加权，如图 1-4 所示。

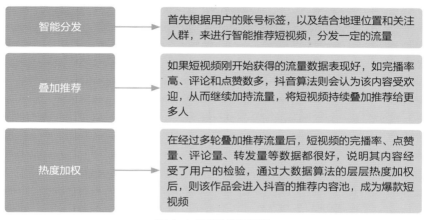

智能分发	首先根据用户的账号标签，以及结合地理位置和关注人群，来进行智能推荐短视频，分发一定的流量
叠加推荐	如果短视频刚开始获得的流量数据表现好，如完播率高、评论和点赞数多，抖音算法则会认为该内容受欢迎，从而继续加持流量，将短视频持续叠加推荐给更多人
热度加权	在经过多轮叠加推荐流量后，短视频的完播率、点赞量、评论量、转发量等数据都很好，说明其内容经受了用户的检验，通过大数据算法的层层热度加权后，则该作品会进入抖音的推荐内容池，成为爆款短视频

图 1-4　抖音的算法逻辑

004　剧本策划：确定方向，有高低落差和转折

抖音、快手平台上的大部分爆款短视频，都是经过拍摄者精心策划的，因此剧本策划也是成就爆款短视频的重要条件。短视频的剧本可以让剧情始终围绕主题，保证内容的方向不会产生偏差。

在策划短视频剧本时，用户需要注意以下几个规则。

(1) 选题有创意。短视频的选题尽量独特有创意，同时要建立自己的选题库和标准的工作流程，不仅能够提高创作的效率，而且还可以刺激观众持续观看的欲望。例如，用户可以多收集一些热点加入选题库中，然后结合这些热点来创作短视频。

(2) 剧情有落差。短视频通常需要在短短 15 秒内将大量的信息清晰地叙述出来，因此内容通常都比较紧凑。尽管如此，用户还是要脑洞大开，在剧情上安排一些高低落差，来吸引观众的眼球。

(3) 内容有价值。不管是哪种内容，都要尽量给观众带来价值，让用户值得为你付出时间成本，来看完你的视频。例如，做搞笑类的短视频，那么就需要能够给用户带来快乐；做美食类的短视频，就需要让用户产生食欲，或者让他们有实践的想法。

（4）情感有对比。短视频的剧情可以源于生活，采用一些简单的拍摄手法，来展现生活中的真情实感，同时加入一些情感的对比，这种内容反而更容易打动观众，主动带动用户情绪气氛。

专家提醒　在设计短视频的台词时，内容的煽动性要强，能够触动用户的情感点，让他们产生共鸣。

（5）时间有把控。拍摄者需要合理地安排短视频的时间节奏，以抖音为例，默认为拍摄 15 秒的短视频，这是因为这个时间段的短视频是最受观众喜欢的，而短于 7 秒的短视频不会得到系统推荐，高于 30 秒的则观众很难坚持看完。

策划剧本，就好像写一篇作文，有主题思想、开头、中间和结尾，情节的设计就是丰富剧本的组成部分，也可以看成小说中的情节设置。一篇成功的吸引人的小说必定是少不了跌宕起伏的情节的，短视频的剧本也是一样，因此在策划时要注意几点，具体如图 1-5 所示。

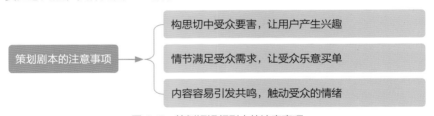

图 1-5　策划短视频剧本的注意事项

005　演员选择：人物出镜，获得更多流量倾斜

创作好剧本后，接着就需要选择演员来演绎剧本中的内容了。在抖音和快手平台上，对于这种真人出镜的短视频作品来说，系统会给予更多的流量倾斜。因此，能够有真人出镜的机会，用户都不要错过。下面笔者总结了一些拍摄短视频选择演员的技巧，如图 1-6 所示。

当然，拍摄短视频需要做的工作还很多，比如策划、拍摄、表演、剪辑、包装及运营等。举个例子，如果拍摄的短视频内容方向为生活垂直类的，每周计划推出 2 ～ 3 集内容，每集为 5 分钟左右，那么 4 到 5 个人就够了，分别负责编导、运营、拍摄及剪辑岗位。

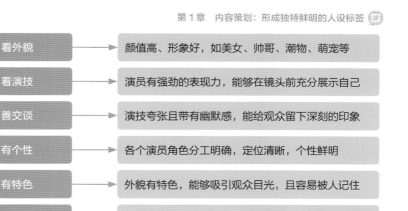

图 1-6 拍摄短视频选择演员的技巧

招聘人员在任何行业和企业都是一大难题，但实际上，如果已经有了明确的目标，选择不会太难。如果没有明确的目标和需求，就不亚于大海捞针。因此，对于短视频团队的人员招聘而言，招聘要遵循相应的流程，才能有条不紊，招到合适的员工，具体的招聘流程如图 1-7 所示。

图 1-7 招聘短视频团队人员的流程

006 场地选择：环境美观，根据剧情走向确认

在选择短视频的拍摄场地时，主要根据账号定位和剧情内容来安排。场地主要在视频中对视频拍摄主体起到解释、烘托和加强的作用，也可以在很大程度上加强观众对视频主体的理解，让视频的主体和主题都更加清晰明确。

一般来说，如果只是单单对视频拍摄主体进行展示，往往很难达到中心思想上的更多表达，而加上了场地环境，就能让观众在明白视频拍摄主体的同时，更容易明白拍摄者想要表达的思想与情感。

　　用户在选择短视频的拍摄场地时，可以选择一些热门的拍摄场地来借势，也能够获得不少平台的流量推荐。例如，青海的"天空之镜"茶卡盐湖、重庆的轻轨 2 号线、"稻城"亚丁、恩施的屏山峡谷、四川的浮云牧场、丽江的玉龙雪山、西安的"摔酒碗"、厦门的土耳其冰激凌等，这些都是抖音中的"网红打卡地"，吸引了很多拍摄者和游客前往，因此这些地方拍摄的短视频也极易被人关注，如图 1-8 所示。

图 1-8　抖音中的"网红打卡地"

> 选择短视频的拍摄场景可以从前景与背景两方面分析。
> 　○　前景是指在拍摄短视频时，位于视频拍摄主体前方，或者靠近镜头的景物，前景在视频中能起到增加视频画面纵深感和丰富视频画面层次的作用。
> 　○　背景是指位于短视频拍摄主体背后的景物，可以让拍摄主体的存在更加和谐、自然，同时还可以对视频拍摄主体所处的环境、位置、时间等做一定的说明，更好地突出主体，营造视频画面的气氛。

　　用户在选择拍摄场地时，可以直接在抖音中搜索当地或附近的"网红"景点，如图 1-9 所示。这些地方不仅知名度高，而且人群聚集量也非常大。同时，发布短视频时也需要将地点标签选择在这个地方，这样系统就会首先将你的短视频推荐给附近的人看，从而获得更多的观众点赞和评论。另外，用户也可以选择一些存在争议或缺陷的场地来拍摄短视频，增强短视频的话题性，让用户积极参与评论。

图 1-9　在抖音上搜索附近的"网红打卡地"

007 　Vlog视频：挖掘爆款逻辑，提升内容竞争力

　　Vlog 是一种非常流行的内容创作风格，Vlog 是 Video Weblog 或 Video Blog 的简称，其大意为"视频博客"或者"视频网络日志"，主要表现形式为影像。如今，Vlog 成为所有上传到网络的视频形式总称。

　　Vlog 之所以能够如此火爆，主要是因为这种记录生活的视频日记内容形式，可以很好地激起用户的创作、互动和传播热情，其优点如图 1-10 所示。

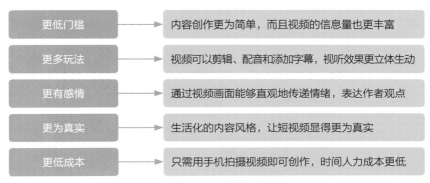

图 1-10　Vlog 短视频的优点

目前，在短视频中，最常见的 Vlog 领域就是旅游类的内容，而且这种内容形式通常可以长时间创作，具有效率高、周期长、话题性强、用户接受度高等优势。用户可以记录旅途的整个过程，包括交通工具、风土人情、景点、美食、住宿等，内容非常丰富，如图 1-11 所示。

图 1-11　旅游类的 Vlog 短视频内容

其次，美食类的 Vlog 内容也非常流行，这类短视频的主要拍摄对象为美食，包括探店、买菜、做菜、试吃、美食开箱等，甚至连简单的吃饭记录视频，也可以吸引很多人关注，如图 1-12 所示。

图 1-12　美食类的 Vlog 短视频内容

Vlog 内容虽然只是简单地记录生活，却能够让观众看到自己充满仪式感的生活态度，激发他们的参与热情，同时产生情感共鸣，让生活变得更加有趣、有料。另外，Vlog 的拍摄灵感都是来源于日常生活，创作门槛非常低，很容易引起跟拍和模仿，能够拉近创作者和观众的距离，使其更有交流感和互动性。

在拍摄 Vlog 短视频内容时，主题也比较重要，用户一定要明确自己的拍摄内容，知道拍摄对象和场景是什么，然后根据主题来缩小拍摄范围，这样才能提高后期筛选素材的效率。通常情况下，Vlog 短视频的主题包括生活、旅行、宠物、美食、工作、学习、亲子等，用户可以根据自己的兴趣爱好来选择。

选好 Vlog 短视频的主题后，再策划一个有吸引力的标题。如图 1-13 所示，这个视频拍摄的是用户的工作场景，标题文案为"你要很努力才能看起来不费吹灰之力"，很容易就撩动了职场人的心灵共鸣。

用户在策划短视频文案时，可以根据主题内容加上 Vlog 的字样来制作专属标题，形成自己的标签风格。在制作 Vlog 内容时，用户可以使用剪映 App，直接套用其中的模板，快速制作同款短视频，如图 1-14 所示。

图 1-13 工作主题的 Vlog 短视频

图 1-14 剪映 App 中的 Vlog 模板

008 模仿爆款：复刻内容，剖析爆款背后秘密

除了 Vlog 风格的内容外，如果用户实在是没有任何创作方向，也可以直接模仿爆款短视频的内容去拍摄。爆款短视频通常都是大众关注的热点事件，这样等于让你的作品无形之中产生了流量。

例如，某个用户就模仿了有"涂口红的世界纪录保持者"之称的李佳琦Austin的演说风格，在短视频中使用比较夸张的肢体语言和搞笑的台词，吸引大量粉丝关注。这些爆款短视频和短视频达人，他们的作品都是经过大量用户检验过的，都是观众比较喜欢的内容形式，跟拍模仿能够快速获得这部分人群的关注。

用户可以在抖音或快手平台上多看一些同领域的爆款短视频，研究他们的拍摄内容，然后进行跟拍。例如，很多明星都是用户比较喜欢模仿的对象，如模仿林俊杰走红的"林二岁"等，都能够迅速在网络上走红。

另外，用户在模仿爆款短视频时，还可以加入自己的创意，对剧情、台词、场景和道具等进行创新，带来新的槽点。很多时候，模仿拍摄的短视频，甚至比原视频更加火爆，这种情况屡见不鲜。

009 参加挑战赛：快速聚集流量，传播效果极强

在模仿跟拍爆款短视频时，如果用户一时找不到合适的爆款来模仿，此时参加抖音的挑战赛就是一个不错的途径。例如，王老吉发起的"#越热越爱去挑战"抖音挑战赛，邀请了很多网红大号参加，为品牌做宣传，如图 1-15 所示。

在品牌效应和明星网红的带动下，王老吉的抖音挑战赛吸引了大量用户模仿跟拍，总播放次数达到了 54.1 亿次，传播效果非常惊人。用户只需在挑战赛话题主页中点击"参与"按钮，即可自动选择视频中的同款背景音乐，快速完成拍摄，如图 1-16 所示。

图 1-15　挑战赛话题主页

图 1-16　自动选择同款背景音乐

挑战赛除了具有很强的品牌推广作用外，还能够引起大量用户跟拍互动。例如，抖音上非常火爆的 # 我就是"控雨"有术 # 挑战赛，其播放次数达到了 184.2 亿次。用户点击"参与"按钮后，可以自动使用"控雨"道具，用手掌即可控制雨水的降落和停止，不仅趣味性十足，而且制作门槛非常低，很容易撬动成百上千万的用户参加。

010 工会机构：抖音、快手平台轻松实现MCN

除了自制内容外，抖音和快手中还有很多加盟工会或 MCN 机构的创作者，而且这些机构达人能够获得平台给予的更多流量扶持。例如，抖音平台为机构达人推出了"专属 dou+ 资源包"，快手平台则会根据达人的等级来提供流量扶持。

之所以平台非常青睐这些机构达人，是因为机构拥有更强的内容创作能力和商业变现能力，有利于打造短视频的内容变现生态圈，促进平台、达人和机构的三方共赢。当然，要想成为平台的认证 MCN，还需要满足一些资质要求，如图 1-17 所示为抖音认证 MCN 的基本条件。

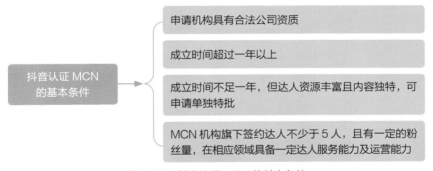

图 1-17 抖音认证 MCN 的基本条件

普通的抖音用户获得的流量是非常有限的，吸粉也存在一定的瓶颈，而且很难接到广告，导致这些账号的生命力不够顽强。对于抖音平台来说，难以管理数量众多的短视频达人，此时 MCN 就体现出了其价值，能够帮助平台管理达人，同时也能够为达人提供更多服务，包括申诉、引流、接广告等，不仅可以帮助达人更好地成长，而且还可以让达人获得更多的收益。

MCN 本身就能孵化出很多优质的短视频创造者，牢牢地把控这些红人资源，同时还能够保证平台内容的丰富性。根据 iiMedia Research(艾媒咨询) 的数据显示，预计到 2020 年，中国短视频 MCN 机构数量将超 5000 家，如图 1-18 所示为快手 MCN 入驻页面。

图 1-18　快手 MCN 入驻页面

　　如今，对于短视频行业来说，已经进入了全新的 2.0 时代，MCN 机构也在不断发展壮大，同时呈现图文、音频、短视频等多元化的内容形式，行业迎来了井喷式的增长。对于想要在短视频中掘金的创业者、达人和企业商家来说，这是一个不可错过的机遇。

011　运营技巧：4个维度，提升账号推荐权重

　　有了短视频内容后，用户还需要掌握一定的运营技巧，让自己拍摄的短视频能够被更多的观众看到。由于本书以拍摄和后期处理为主，因此不会用太多的篇幅来讲解短视频运营方法，这里重点挑选了 4 个可以帮助大家提升账号推荐权重的维度，分别为垂直度、活跃度、健康度和互动度。

① 垂直度

　　什么叫垂直度？通俗来说，就是用户拍摄的短视频内容符合自己的目标群体定位，这就是垂直度。例如，用户是一个化妆品商家，想要吸引对化妆感兴趣的女性人群，此时就拍摄了大量的短视频化妆教程，这样的内容垂直度就比较高了。

　　目前，抖音和快手都是采用推荐算法的短视频平台，会根据用户的账号标签来给其推荐精准的流量。例如，用户发布了一个旅游类的短视频，平台在推荐这个短视频后，很多观众都给他的短视频点赞和评论了。对于这些有大量互动的观众，平台就会将用户的内容打上旅游类的标签，同时将用户的短视频推送给更多旅游爱好者观看。但是，如果用户之后再发布一个搞笑类的短视频，则由于内容垂直度很低，与推荐的流量属性匹配不上，自然点赞和评论数量也会非常低。

推荐算法的机制就是用标签来精准匹配内容和流量，这样每个观众都能看到自己喜欢的内容，每个创作者都能得到粉丝关注，平台也才能长久地活跃。要想提升账号的垂直度，用户可以从以下几个方面入手。

(1) 塑造形象标签。形象标签可以从账号名称、头像、封面背景等方面下功夫，让大家一看到你的名称和头像就知道你是干什么的。因此，用户在设置这些基本账号选项时，一定要根据自己的内容定位来选择，这样才能吸引到更多精准的流量。例如，"手机摄影构图大全"这个抖音号，名字中有"手机摄影"和"构图"等明确的关键词，头像也是采用一个基于黄金分割构图的"蒙娜丽莎"名画，发布的内容都是摄影构图方面的知识，因此内容的垂直度非常高，如图 1-19 所示。

图 1-19　"手机摄影构图大全"抖音号

(2) 打造账号标签。有了明确的账号定位后，用户可以去同领域大号的评论区引流，也可以找一些同行业的大号进行互推，增加短视频的关注和点赞量，培养账号标签，获得更多精准粉丝。

(3) 打造内容标签。用户在发布短视频时，要做到风格和内容的统一，不要随意切换领域，尤其是前面的短视频，一定要根据自己的账号标签来发布内容，让账号标签和内容标签相匹配，这样账号的垂直度就会更高。

❷ 活跃度

日活跃用户是短视频平台的一个重要运营指标，每个平台都在努力提升自己的日活跃用户数据。例如，抖音平台的日活跃用户超过 3.2 亿（截至 2019 年 7 月），快手平台的日活跃用户突破 2 亿（截至 2019 年 5 月）。

日活跃用户是各个平台竞争的关键要素，因此创作者必须持续输出优质的内容，帮助平台提升日活跃用户数据，这样平台也会给这些优质创作者更多的流量扶持。例如，抖音平台为了提升用户的活跃度，还推出了"回顾我的 2019"活动，给用户分析和总结了一份专属于自己的 2019 年作品回顾，如图 1-20 所示。

图 1-20　"回顾我的 2019"数据报告

3 健康度

健康度主要体现在观众对用户发布的短视频内容的爱好程度，其中完播率就是最能体现账号健康度的数据指标。内容的完播率越高，就说明观众对短视频的满意度越高，则用户的账号健康度也就越高。

因此，用户需要努力打造自己的人设魅力，提升短视频内容的吸引力，保证优良的画质效果，同时还需要在内容剧本和标题文案的创意上下功夫。

4 互动度

互动度显而易见就是指观众的点赞、评论、私信和转发等互动行为，因此，用户要积极回复观众的留言，做好短视频的粉丝运营，培养强信任关系。

在短视频运营中，用户也应该抓住粉丝们对情感的需求。其实不一定非要是"人间大爱"，任何形式的、能够感动人心的细节方面的内容，都可能会触动到不同粉丝的心灵。短视频个人 IP 做粉丝运营的最终目标是，让用户按照自己的想法，去转发内容，来购买产品，给产品好评，并分享给他的朋友，把用户转化为最终的消费者。

第 2 章

拍摄场景：热门短视频常用拍摄对象

学前提示

　　对于爆款短视频来说，"内容为王"仍然是硬道理。那么，什么样的内容最受用户欢迎呢？本章介绍了短视频拍摄的热门场景和拍摄技巧，帮助大家快速找到拍摄对象，再也不用为找短视频的拍摄内容而发愁。

012 人物拍摄：这样拍人像才能出大片

人物是抖音和快手平台中最常出现的拍摄对象，真人出境的短视频作品，不仅可以更加吸引观众的眼球，而且还可以显得你的账号更加真实，获得平台给予更多的流量推荐。很多人非常胆怯，认为自己长得丑，声音不好听，又想拍视频，但又不敢露面，内心非常矛盾。

记住，拍短视频并不是选美，只要你的内容足够优质，都可以获得点赞和涨粉。真人出境非常有利于打造个人 IP，让大家都可以认识你，记住你，慢慢积累粉丝对你的信任感，也有利于后期的变现。如今这个社会，无论做什么事情，都是要先获得别人的认可，才有之后的一切可能。

当然，上面笔者是从抖音短视频的运营角度来分析的，那么从拍摄角度来说，真人出镜的短视频会带来很强的代入感，从而更加吸引人。在拍摄真人出镜视频时，如果单靠自己的手端举手机进行视频拍摄，很难达到更好的视觉效果，拍摄出来的自己在视频当中大都"不完整"，且不说全身入境，就连上半身入境都很困难，这个时候，更好的视频拍摄方法就是利用各种脚架和稳定器等工具了，如图 2-1 所示。

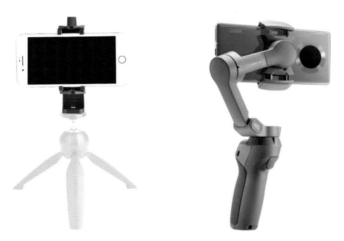

图 2-1　手机脚架和手持稳定器

使用稳定器拍摄，可以让人物短视频的画面更加平稳流畅，即使人物处在运动过程中，也能够让画面始终保持鲜活生动，如图 2-2 所示。手机是否稳定，能够很大程度上决定视频拍摄画面的稳定程度。如果手机不稳，就会导致拍摄出来的视频也跟着摇晃，视频画面也会十分模糊。如果手机被固定，那么在视频的拍摄过程中就会十分平稳，拍摄出来的视频画面也会十分稳定。

图 2-2　拍摄运动的人物短视频画面

　　在自拍短视频时，最好不要将人物对象放在画面正中央，这样会显得很呆板，可以将其置于画面的九宫格交点、三分线或者斜线等位置上，这样能够突出主体对象，让观众快速找到视频中的视觉中心点，如图 2-3 所示。

图 2-3　突出视频中的人物主体

　　同时，人物所处的拍摄环境也相当重要，必须与短视频的主题相符合，而且场景要尽量干净整洁。因此，拍摄者要尽量寻找合适的场景，不同的场景可以营造出不同的视觉感觉，通常是越简约越好。

013 宠物拍摄：轻松记录萌宠搞怪瞬间

如今，短视频中的宠物"网红"可谓千姿百态，各种"戏精"表演完全不输于真人，它们能说话、会唱歌、会跳舞，甚至还会摆出忧郁的表情和超萌的神态，让人忍俊不禁。由于各种宠物都喜欢乱动，因此拍摄起来也比较困难，而且还容易产生抖动。在拍摄宠物时，尽量使用手持稳定器来辅助拍摄，这样更容易获得稳定的画面效果，从而轻松且清晰地拍摄宠物调皮的瞬间，如图 2-4 所示。

图 2-4　清晰的宠物短视频

在拍摄陌生的宠物时，如小狗、小猫等，它们对于陌生人明显不会太友好，靠得太近可能会攻击你，或者跑出你的镜头范围。此时，用户可以站远些，然后通过手机的变焦功能将取景框扩大，拉近画面来拍摄，如图 2-5 所示。

另外，拍摄宠物还可以调整手机的光圈参数，打造出电影级别的浅景深虚化效果，让整体的宠物视频画面变得更加"高大上"，如图 2-6 所示。

图 2-5　扩大取景框拍摄宠物短视频

图 2-6　浅景深虚化背景的视频效果

　　由于宠物很难沟通，用户可以用一些食物或者玩具来吸引它们的注意，让它们看着镜头，或者引导它们摆出有趣的 Pose 等。这里推荐大家可以使用一个名为的 "宠音秀" 的微信小程序，这个小程序能够模拟出小猫或者小狗的音效，而且还可以直接拍摄短视频，如图 2-7 所示。

图 2-7　"宠音秀" 微信小程序

014 动物拍摄：随时准备抓到生动镜头

　　生活中，除了常见的宠物外，各种动物也是大家喜欢拍摄视频记录的对象。由于动物并不常见，因此那些精彩的动物短视频也能够吸引大众的眼光。成功的动物短视频作品基本上都是展现动物们最精彩有趣的瞬间画面，因此如果我们也想去拍摄野生动物的短视频，最好先调整好手机相机的设置，并将手机握在手中，随时准备抓拍动物们稍纵即逝的精彩瞬间，如图2-8所示。

图2-8　动物短视频

　　同时，拍摄动物最好准备一个手机长焦镜头，并且用三脚架来固定手机，弥补手机变焦能力差的缺陷，同时让焦点更加清晰，如图2-9所示。通过长焦镜头，用户可以将画面拉近来抓拍这些动物安静时的模样，捕捉其面部表现。

图2-9　使用手机长焦镜头拍摄动物短视频

　　当然，想要拍出漂亮、生动的动物短视频，关键在于要了解动物的习性，以免照片变模糊。要拍好动物短视频，首先要学会展现动物的情感，而它们的眼睛就是流露情感的最佳点，在拍摄时可以将手机的焦点对准动物的眼睛，并将背景和前景的杂物进行虚化处理，如图 2-10 所示。

图 2-10　将动物的眼睛作为画面的焦点

　　拍摄动物短视频后，可以直接用手机短视频后期 App 对其进行一些简单的后期处理，如裁剪、旋转、调整色彩、调整亮度或者添加滤镜等，可以使视频画面中的主体更加突出，色彩更加迷人，如图 2-11 所示。

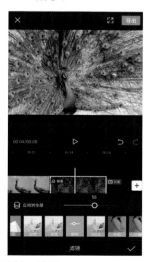

图 2-11　对动物短视频进行后期处理

015 | 风光拍摄：绝美风景惊艳观众眼球

　　风光短视频是很多 Vlog 类创作者喜欢拍摄的题材，但很多新手面对漂亮的景色，也只能拍出平淡无奇的视频画面，着实可惜！

　　在拍摄风光短视频时，除了要突出拍摄主体，还必须要有好的前景和背景。如图 2-12 所示，这个短视频的拍摄者就精心在画面左上方选择树枝作为前景，不仅可以使画面的空间深度感得到增强，还弥补了单调天空背景区域的不足之处。

 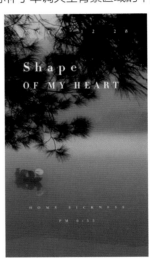

图 2-12　在视频画面中安排前景

　　对于风光短视频作品来说，其构图的核心要点是平衡，视觉平衡的画面可以给欣赏者带来稳定、协调的感觉，如图 2-13 所示。

图 2-13　采用对称平衡的构图方式拍摄山水风光短视频

　　短视频的用户群体通常是利用碎片化的时间来刷抖音、快手，因此用户需要在视频开始的几秒钟就将风光的亮点展现出来，同时整个视频的时间不宜过长。例如，下面这个短视频，一开始漫天的星光便映入眼帘，非常迷人，如图2-14所示。

图 2-14　将精彩风景安排在视频开头部分

　　需要注意的是，风光短视频的后期处理是必不可少的，抖音上很多美景短视频基本都是经过调色处理的，如图2-15所示。另外，风光短视频还需要搭配应景的背景音乐。例如，拍摄江南小镇的短视频作品时，可以搭配一些曲调温和的古风背景音乐，如图2-16所示。

图 2-15　风光短视频的调色处理

图 2-16　选择合适的背景音乐

最后，用户在发布风光短视频时，可以稍微卖弄一下文采，给视频加上一句能够触动人心的文案，和粉丝产生共鸣，从而带动作品的话题性，这样产生爆款的概率会更大。

016 城市拍摄：拍摄城市建筑风光大片

大部分短视频作者都是生活在城市之中，那么这些人就可以从自己身边的生活场景入手，拍摄城市中的万千气象。城市中看到的建筑、行人和各种事物都是拍摄短视频的不错题材，无论是什么场景和事物，只要用心观察，任何东西都是具有故事性的，拍摄城市中的风光就是要从平凡中发现不平凡的美。

其中，城市中随处可见的各种建筑非常值得一拍，用户可以另辟蹊径，从不同的角度寻找好的图形和线条，在视频画面中展现建筑之美，如图 2-17 所示。

图 2-17　拍摄时寻找建筑中的线条和图形

专家提醒　　在一些古镇、城市、公园等地方游玩时，总能看到各种充满地域风格的特色建筑，此时不妨用手机拍下来。拍摄当地的特色建筑时，我们可以选择地标、特色民居及各地独特的景致等景物。

其次，就是美丽的城市夜景，这也是非常常见的短视频拍摄场景。但是，夜晚由于没有光线，因此我们用手机拍摄短视频时要善于充分利用各种灯光，这是拍摄城市夜景的关键所在，可以使夜景更加美丽。例如，用户可以使用延时视频模式拍摄城市夜晚的车流灯轨画面。手机拍摄夜晚的车流灯轨延时视频时，首先要使用三脚架固定手机，然后将手机的拍摄模式设置为"延时摄影"，并运用遥控快门来控制手机相机，拍摄到高质量的作品，如图 2-18 所示。

图 2-18　使用延时摄影模式拍摄城市夜晚的车流灯轨

　　其实，拍摄城市类短视频并不需要多么大气的画面，即使是那些很普通的城市生活场景，也能在手机镜头中通过特殊的构图和光影处理，为其赋予更多的情感，引起观众的共鸣，如图 2-19 所示。

图 2-19　拍摄普通的城市生活场景

专家提醒 用手机拍摄城市风光时，我们可以使用各种滤镜镜头为画面添加一些富有感情的色彩效果，如触景生情的怀旧滤镜、岁月沧桑的复古滤镜、令人伤感的黑白滤镜、平静的单色滤镜等，让你的短视频效果与众不同。

017 天气拍摄：不同天气场景的拍摄技巧

天气的拍摄题材非常多，范围也比较广，而且不用去远方，一年四季都有独特的气候特征，都是用户可以拍摄的短视频场景。下面笔者总结了一些常见的拍摄对象。

1 火烧云

日出日落，云卷云舒，这些都是非常浪漫、感人的画面，也是手机拍摄短视频的黄金时段。例如，火烧云就是一种比较奇特的光影现象，通常出现在日落时分，此时云彩的靓丽色彩可以为画面带来活力，同时让天空不再单调，而是变化无穷。用户可以用手机拍摄火烧云的延时视频，这种变幻莫测的画面可以吸引观众的注意，增强短视频的表现力，如图 2-20 所示。

图 2-20　火烧云延时视频

2 云雾

云雾是一种比较迷人的自然风光，它是由很多小水珠形成的，可以反射大量的散射光，因此画面看上去非常柔和、朦胧，让人产生如痴如醉的视觉感受。

　　例如，下面这个短视频在山区拍摄，此时太阳尚未出来，而雾气还没有完全消散，用手机拍摄雾中的山水，可以展现出雾气的缥缈质感，如图 2-21 所示。

图 2-21　雾气短视频

3 流云

　　在多云的天气下，我们可以仰头看向天空，拍摄漂亮的流云风光。但通常情况下，云朵的移动速度是非常慢的，此时用户可以选择有风的天气，并且用延时模式来记录云朵流动的整个过程，视频画面会显得更加动感。

　　如图 2-22 所示，在这个短视频中，湖边的小草随风摇曳，湖水也在微风吹拂下激起淡淡的涟漪，天空中的白云也跟随着湖水一起流动，此刻的风起云涌，天空好像流光稍纵，美得不可胜收。

图 2-22　流云短视频

❹ 雨景

下雨天拍摄的短视频会显得特别有格调，用户可以采用低角度拍摄，这样可以记录雨滴落地时溅起的涟漪画面。同时，拍摄时可以采用"慢速"模式、Bules 滤镜加上 16 ：9 的尺寸，也可以加入"雨幕"的纹理特效，并插入如《下雨天》这样的应景音乐，能够拍摄出更加抒情的画面效果，如图 2-23 所示。

图 2-23　下雨场景的短视频

❺ 雪景

下雪的时候，一片纯白和苍茫，使用手机很容易拍出简洁的视频画面效果，如图 2-24 所示。

图 2-24　下雪天气的短视频

一个有意境的雪景短视频，除了前期拍摄要注意取景构图方法之外，后期对视频适当的处理也是必不可少的。而且对于某些地方来说，下雪天很难碰到，此时用户可以通过剪映等后期 App 来模拟出下雪天的效果，增加视频中的雪景氛围感，下面介绍具体的操作方法。

步骤 **01** 在剪映 App 中导入一个视频素材，点击"特效"按钮，如图 2-25 所示。

步骤 **02** 执行操作后，进入"特效"编辑界面，切换至"自然"选项卡，在下方选择"大雪"特效，即可为视频画面添加下雪天气效果，如图 2-26 所示。

图 2-25　点击"特效"按钮　　　图 2-26　选择"大雪"特效

步骤 **03** 另外，用户也可以在"自然"选项卡中添加不同形态的"飘雪"特效，效果如图 2-27 所示。

图 2-27　添加不同形态的"飘雪"特效

018 树木拍摄：把路边普通的树拍出大片

树木是大自然中最常见的元素，同时也是大自然创造的一种美丽的生灵。在抖音中，很多创作者常常借助树木来作为转场的遮挡物，同时也有人喜欢用大树来拍出伤感的短视频画面，相关技巧如图 2-28 所示。

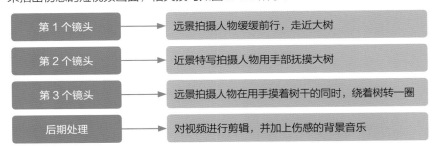

第 1 个镜头	远景拍摄人物缓缓前行，走近大树
第 2 个镜头	近景特写拍摄人物用手部抚摸大树
第 3 个镜头	远景拍摄人物在用手摸着树干的同时，绕着树转一圈
后期处理	对视频进行剪辑，并加上伤感的背景音乐

图 2-28　用大树来拍出伤感短视频的步骤

树木也是 Vlog 创作者喜欢拍摄的对象，拍摄时只需在马路边上找到一棵大树，然后将手机镜头朝上开始拍摄，并围着大树绕圈，拍摄时注意不要让人物的头部出现在镜头中。这种仰拍的树木短视频画面不仅可以表现树木的高大，而且还能够使画面的线条更为集中，产生强烈的纵深感效果。

另外，拍摄较为高大的树木短视频时，用户也可以先将手机镜头对着地面，然后对着树木缓慢向上旋转，最终转向天空，如图 2-29 所示。

图 2-29　拍摄大树短视频的操作方法

如图 2-30 所示为采用上述方式拍摄的唯美竹林短视频画面效果。

图 2-30 唯美竹林短视频画面效果

019 花卉拍摄：简单几步把花拍出创意美

在拍摄花卉 Vlog 短视频时，常使用近拍特写的构图方式来表现它们的特点。比如在路边看到漂亮的花花草草，此时用近拍对拍摄主体进行特写构图，即可获得主体突出的短视频画面效果，如图 2-31 所示。

图 2-31 近景拍摄花卉短视频画面效果

　　在拍摄花卉短视频时，用户也可以选择一些合适的前景或背景来装饰画面，如人像、昆虫、鸟类等，这样能够更好地表达短视频的主题。例如，花卉人像是很多短视频创作者经常拍摄的题材，如果能在视频中将人像与花卉的搭配处理得恰到好处，往往能起到相得益彰的作用，如图2-32所示。

图2-32　拍摄花卉与人物结合的短视频画面效果

　　拍摄花卉人像短视频时，用户需要注意取景选择、人物的服饰穿着、拍摄角度、光线运用、摆姿、器材的选择和参数的设置等，让花卉与人像在短视频中实现完美的结合。

020　美食拍摄：拍出秒杀朋友圈的小视频

　　拍摄美食短视频看似很简单，只要按下手机的录像键，一个美食短视频就拍摄好了。但事实上，美食短视频的拍摄又并非如此简单，如果毫无章法地拍摄美食，很难达到好的观赏效果，所以拍摄简单的食物短视频也是需要掌握一些技巧的。

1 美食制作

　　抖音中有很多 Vlog 创作者喜欢拍摄美食的短视频制作教程。下面笔者总结了一些通用的拍摄流程。

步骤 01 首先架好三脚架，拍摄美食的食材原料，如案板上摆放的一整块肉。

步骤 02 在镜头前挥挥手，作为转场切换镜头的画面，后期剪掉多余的镜头并合并视频即可。

步骤 03 在案板上倒入切好的美食，如切成小块的肉。

步骤 04 把切好的美食倒入烧好油的锅中。

步骤 05 拍摄在锅中翻炒美食的画面。

步骤 06 拍摄加入美食配料并起锅的镜头画面。

　　在文案方面，用户可以在视频中加上"教你做 ×× 菜"的标题，并且在视频中告诉观众制作这道美食的整个操作流程，以及用到的食材和配料。另外，制作的美食成品一定要色香味俱全，包括厨具和厨房一定要干净、整洁、卫生，能够让用户产生食欲，这样才能获得他们的点赞和关注。例如，由"家常美食教程"抖音号发布的一个制作茄子的视频，不仅做法简单，而且成品看上去很诱人，吸引了 80 多万观众点赞，如图 2-33 所示。

图 2-33　美食制作类短视频示例

2 美食试吃

测评种草类的美食短视频通常包括两种形式，分别为美食试吃和美食探店。以美食试吃类短视频为例，用户可以购买一些外卖、零食、地方特产或饮料等美食产品，或者也可以征集粉丝的意见，让他们给你推荐要试吃的产品。

在拍摄过程中，可以从美食开箱开始拍摄，并且在视频中分享美食的味道口感和制作原料等心得体会，或者陪粉丝聊天，甚至也可以发表一些人生理想等内容，让试吃的整个过程不会太过单调。

例如，下面这个由知名美食开箱博主"爱测评的雯子"拍摄的棒棒糖试吃短视频，她在视频中一边写"正"字，一边吃这个"舔不完的棒棒糖"，直到将棒棒糖舔完，她同时也写了好几十页的"正"字，如图 2-34 所示。

图 2-34 美食试吃类短视频示例

这个视频还通过博主发起"多少口舔完棒棒糖"的挑战，引发了大量观众评论互动。该视频的点赞数达到 87.6 万，评论数达到 2.7 万。另外，博主在打造个人 IP 方面也非常有技巧，虽然她没有在视频中露脸，但其在发布的视频中穿的衣服及账号头像，都有一个特别大的"雯"字，增强用户的记忆力。

3 美食 Vlog

美食 Vlog 类的短视频，可以发布一些美食展示的内容，包括新鲜水果、海鲜、地方特产、"轻技术"等，这类短视频同时要注重表演性，更要拍出让人有食欲的画面效果，如图 2-35 所示。另外，用户在拍摄美食 Vlog 类短视频时，可以通过食材配料的展示和制作环境、厨师等元素，来唤起观众对于美食的记忆，从而产生共鸣。

图 2-35 美食 Vlog 类短视频示例

专家提醒　拍摄美食短视频时，用户要从美食本身的形状和构造上面下功夫，把握其构造，利用其形状，就可以在拍摄的时候拍出好看的美食画面。

021 职场拍摄：打造持续吸粉的"职场剧"

职场类短视频可以拍摄用户上班途中的所见所闻，以及创业经验、工作场景和与工作相关的内容，能够吸引很多对这种工作形式有疑问或向往的观众。

（1）揭秘行业内幕。用户可以拍摄自己的真实工作经历，揭秘行业的内幕，这类视频能够勾起观众的好奇心，而且那些争议度较高的行业"大坑"，还会形成社会话题，引发观众大量的评论和转发。例如，由"那些你不知道的事"发布的一个揭秘行业内幕的短视频，视频内容和画面都非常简单，如图 2-36 所示。但是，这种接地气的内容直击消费者痛点，同时带动了大量观众在评论区揭发自己知道的行业内幕。该短视频的点赞量达到 37.4 万，评论量达到 3.7 万。

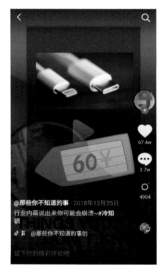 

图 2-36　揭秘行业内幕的短视频示例

（2）分享职场生活。很多观众对于自己不曾经历过的工作，都会略带好奇心，因此用户可以拍一些自己所在职场的趣事，这样更具有代入感和真实性。如果是自己正在创业的用户，甚至还可以将整个创业过程都拍下来，把每天的工作经历都拍成系列化剧情的短视频，实现持续吸粉。

（3）拍摄求职经历。用户可以将自己在求职过程中遇到的奇人异事都拍成短视频，有资金的机构或达人也可以招募演员，拍摄类似的求职短视频，并使用夸大化的台词独白，增强短视频的趣味性和内容的丰富度，来吸引观众点赞。需要注意的是，拍摄这类短视频时，主题必须要明确，所有的剧情都围绕主题来展开，这样才能够吸引观众持续关注你。

bù guǎn gōng zuò zài kǔ zài lèi　　yī dìng yào cháng huí jiā kàn kàn　　jiā lǐ yī dìng yǒu pàn wàng zhe nǐ de
不管工作再苦再累　　　　一定要常回家看看　　　家里一定有盼望着你的

第 3 章

拍摄题材：10 大火爆短视频内容形式

学前提示

　　很多人在拍摄抖音、快手等短视频时，不知道该拍什么内容，不知道哪些内容容易上热门。笔者在本章给大家分享了 10 大爆款短视频内容形式，即便你只是一个普通人，只要你的内容戳中了"要点"，也可以让你快速蹿红。

022 搞笑类短视频的拍摄技巧

打开抖音或快手，随便刷几个短视频，就会看到其中有搞笑类的短视频内容。这是因为短视频毕竟是人们在闲暇时间用来放松或消遣的娱乐方式，因此平台也非常喜欢这种搞笑类的短视频内容，更愿意将这些内容推送给观众，增加观众对平台的好感，同时让平台变得更为活跃。

用户在拍摄搞笑类短视频时，可以从以下几个方面入手来创作内容。

（1）剧情恶搞。用户可以通过自行招募演员、策划剧本，来拍摄具有搞笑风格的短视频作品。这类短视频中的人物形体和动作通常都比较夸张，同时语言幽默搞笑，感染力非常强。

（2）创意剪辑。通过截取一些搞笑的影视短片镜头画面，并配上字幕和背景音乐，制作成创意搞笑的短视频。例如，由"搞笑君"发布的一个"万能超能力系列"的短视频，主要通过剪辑某个电影中的搞笑"超能力达人"们的选秀节目，夸张的电影情节，加上评委们滑稽的表情，并且配合动感十足的背景音乐，笑点很强，吸引了 200 多万观众点赞，以及 3.8 万的评论数量，甚至很多观众评论的点赞数量都突破了 10 万＋，如图 3-1 所示。

图 3-1　搞笑类短视频示例

（3）犀利吐槽。对于语言表达能力比较强的用户来说，可以直接用真人出镜的形式，来上演脱口秀节目，吐槽一些接地气的热门话题或者各种趣事，加上非常夸张的造型、神态和表演，来给观众留下深刻印象，吸引粉丝关注。例如，抖音上很多剪辑《吐槽大会》的经典片段的短视频，点赞量都能轻松达到几十万。

　　在抖音、快手等短视频平台上，用户也可以自行拍摄各类原创幽默搞笑段子，变身搞笑达人，轻松获得大量粉丝关注。当然，这些搞笑段子内容最好来源于生活，与大家的生活息息相关，或者就是发生在自己周围的事，这样会让人们产生亲切感。另外，搞笑类短视频的内容涉及面非常广，各种酸甜苦辣应有尽有，不容易让观众产生审美疲劳，这也是很多人喜欢搞笑段子的原因。

　　例如，在抖音粉丝排行前十的"陈翔六点半"，就是一个专门生产各种搞笑段子的短视频大 IP，主要内容是以"解压、放松、快乐"为主题的小情节短剧，嵌入了许多的喜剧色彩元素，仅在抖音上就获得了 4 千多万粉丝关注，点赞量更是达到了 3.9 亿次，如图 3-2 所示。

图 3-2　"陈翔六点半"抖音号

　　专家提醒　"陈翔六点半"采用电视剧高清实景的方式来进行拍摄，通过夸张幽默的剧情内容和表演形式，时长不超过 1 分钟，通过一两个情节和笑点来展现普通人生活中的各种"囧事"。

023　舞蹈类短视频的拍摄技巧

　　除了比较简单的音乐类手势舞外，抖音和快手上面还有很多比较专业的舞蹈类短视频，包括个人、团队、室内及室外等类型，同样讲究与音乐节奏的配合。例如，比较热门的有"嘟拉舞""panama 舞""heartbeat 舞""搓澡舞""seve舞步""BOOM 舞""98K 舞"及"劳尬舞"等。舞蹈类玩法需要用户具有一定的舞蹈基础，同时比较讲究舞蹈的力量感，这些都是需要经过专业训练的。

例如，"代古拉 K"就是在抖音上用一支动感的"甩臀舞"，给观众留下深刻的印象。"代古拉 K"的真名叫代佳莉，是一名职业舞者，她拍的舞蹈视频很有青春活力，再加上单纯美好的甜美笑容，给人朝气蓬勃、活力四射的感觉，跳起舞蹈来更是让人心旌荡漾，在抖音上迅速走红。

拍摄舞蹈类短视频时，最好使用高速快门，有条件的可以使用高速摄像机，这样能够清晰完整地记录舞者的所有动作细节，给观众带来更佳的视听体验。除了设备要求外，这种视频对于拍摄者本身的技术要求也比较高，拍摄时要跟随舞者的动作重心来不断运镜，调整画面的中心焦点，抓拍最精彩的舞蹈动作。下面笔者总结了一些拍摄舞蹈类短视频的相关技巧，如图 3-3 所示。

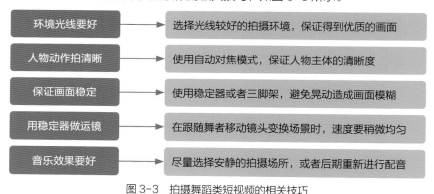

图 3-3　拍摄舞蹈类短视频的相关技巧

如果用户是用手机拍摄，就需要注意与舞者的距离不能太远。由于手机的分辨率不高，如果拍摄时距离舞者太远，则舞者在镜头中就会显得很小，而且舞者的表情动作细节也得不到充分的展现。

024　音乐类短视频的拍摄技巧

音乐类短视频可以分为原创音乐类、跟随歌词进行舞蹈和剧情等创作的演绎类，以及对口型的表演类。

（1）原创音乐类短视频：原创音乐比较有技术性，要求用户有一定的创作能力，能写歌或者会翻唱改编等，这里我们不做深入讨论。例如，抖音平台发布了"音乐人计划"，来扶持原创音乐人，用丰富资源与精准算法为音乐人提供独一无二的支持。对于有音乐创作实力的普通用户来说，也可以入驻"抖音 音乐人"，发布自己的音乐作品，如图 3-4 所示。

图 3-4　"抖音 音乐人"的入驻平台和流程

（2）歌舞类短视频：这种短视频内容更加偏向于情绪的表演，注重情绪与歌词的关系，对于舞蹈的力量感等这些专业性的要求不是很高，对舞蹈功底也基本没有要求。例如，音乐类的手势舞，如"我的将军啊""小星星""爱你多一点点""体面""我的天空""心愿便利贴""少林英雄""后来的我们""离人愁""生僻字""学猫叫"等，用户只需用手势动作和表情来展现歌词内容，将舞蹈动作卡在节奏上即可，如图 3-5 所示。

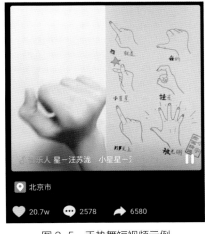

图 3-5　手势舞短视频示例

（3）对口型表演类短视频：对口型表演类的玩法难度会更高一些，因为用户既要考虑到情绪的表达，还要确保口型的准确性。所以，在录制的时候，用户可以先选择开启"快"速度模式，然后对口型的背景音乐就会变得很慢，可以更准确地进行对口型的表演。同时，大家要注意表情和歌词要配合好，每个时间点出现什么歌词，用户就要做什么样的口型动作。

025 情感类短视频的拍摄技巧

情感类短视频主要是将情感文字录制成语音，然后配合相关的视频背景，来渲染情感氛围，如图 3-6 所示。

图 3-6　情感类短视频示例

另外，用户也可以采用一些更专业的玩法，那就是拍摄情感类的剧情故事，这样会更具有感染力。例如，"十点半浪漫商店"抖音号发布的第一个短视频，就是通过邀请抖音红人"七舅脑爷"来担任主角，拍摄一个讲述一对情侣之间彼此相爱的情感故事，新颖的剧情加上抖音达人的影响力，让这个短视频的点赞量达到了 173.6 万，评论数量也达到了 2.9 万。

对于这种剧情类情感短视频来说，以下两个条件必不可缺。

- ○　优质的场景布置。
- ○　专业的拍摄技能。

另外，情感类短视频的声音处理非常重要，用户可以找专业的录音公司帮你转录，从而让观众深入情境之中，产生极强的共鸣感。

026 连续剧短视频的拍摄技巧

连续剧短视频有一个很好的作用，那就是可以吸引粉丝持续关注自己的作品。下面介绍一些连续剧短视频内容的拍摄技巧，如图 3-7 所示。

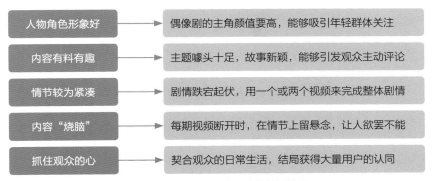

人物角色形象好	➤ 偶像剧的主角颜值要高，能够吸引年轻群体关注
内容有料有趣	➤ 主题嚎头十足，故事新颖，能够引发观众主动评论
情节较为紧凑	➤ 剧情跌宕起伏，用一个或两个视频来完成整体剧情
内容"烧脑"	➤ 每期视频断开时，在情节上留悬念，让人欲罢不能
抓住观众的心	➤ 契合观众的日常生活，结局获得大量用户的认同

图 3-7　连续剧短视频内容的拍摄技巧

例如，小米手机在抖音上发布的《小金刚能不能活过这一集》系列短剧，又名《小金刚的 100 种"死法"》，如图 3-8 所示。该系列短剧不仅邀请创始人雷军使用自家产品模仿"水滴石穿"这个热门的抖音桥段，而且还大量征集用户意见，通过挑战赛号召大家一起跟拍，话题播放总次数达到了 2.2 亿次。

图 3-8　连续剧短视频示例

另外，在连续剧短视频的结尾处，可以加入一些剧情选项，来引导观众去评论区留言互动。笔者通过研究大量连续剧爆款短视频发现它们有两个相同的规律。

○ 高颜值视觉体验，抓住观众眼球。在策划连续剧短视频时，用户需要对剧中的角色形象进行包装设计，通过服装、化妆、道具和场景等元素，给观众带来视觉上的惊喜。

○ 设计反转的剧情，吸引粉丝关注。在短视频中可以运用一些比较经典的台词，同时多插入一些悬疑、转折和冲突，在内容上做到精益求精。

027 正能量短视频的拍摄技巧

在网络上常常可以看到"正能量"这个词，它是指一种积极的、健康的、催人奋进的、感化人性的、给人力量的、充满希望的动力和情感，是社会生活中积极向上的一系列行为。

如今，短视频受到越来越严格的政府监管，同时各大短视频平台也在积极引导用户拍摄具有"正能量"的内容。只有那些主题更正能量、品质更高的短视频内容，才能真正为用户带来价值，如图 3-9 所示。

图 3-9　正能量类短视频示例

对于平台来说，这种正能量内容的短视频也会给予更多的流量扶持，其中抖音"正能量"话题的播放量就达到了惊人的 1572.5 亿次，如图 3-10 所示。如环卫工人、公交车司机、外卖骑手和快递员等，这些社会职业都属于正能量角色，如果能拍摄给他们送温暖的视频，也能获得很大的传播量，受到更多人欢迎。

图 3-10　抖音"正能量"话题

　　另外，用户也可以用短视频分享一些身边的正能量事件，如乐于助人、救死扶伤、颁奖典礼、英雄事迹、为国争光的体育健儿、城市改造、母爱亲情、爱护环境、教师风采及文明礼让等，引导和带动粉丝弘扬传播正能量。

028　侦探类短视频的拍摄技巧

　　侦探类短视频因为有一定的稀缺性，成为抖音上的流行内容。通常情况下，这类短视频的内容设定要有新意，剧情要有看点，同时能够给观众讲解一些做人道理或者知识科普，给用户带来价值，这样才能受到大家的长久关注。

　　例如，"懂车侦探"发布了一系列短视频，贴近生活的剧情设计，帮助大家识别各种骗局、远离危险、保护自己，创意稀缺性非常高，在抖音上吸引了2700 多万粉丝，作品的总点赞量更是高达 1.9 亿次，如图 3-11 所示。

图 3-11　"懂车侦探"抖音号

下面笔者通过分析大量侦探类短视频案例，总结了一些拍摄经验，能够帮助大家拍出更加优质的作品，如图 3-12 所示。

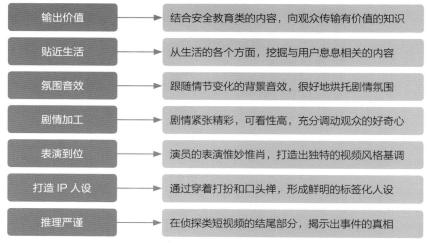

图 3-12　侦探类短视频内容的拍摄技巧

029　家居物品类短视频的拍摄技巧

即使是简单常见的家居日用品，也有可能在抖音、快手中成为爆款。如今，短视频已经深入大家生活的方方面面，好像没有什么不能拍摄的东西了。当然，面对普通的家居物品，用户更需要掌握一些拍摄技巧，如图 3-13 所示。

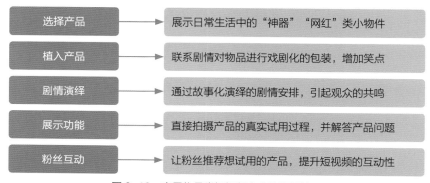

图 3-13　家居物品类短视频内容的拍摄技巧

例如，"柯东西北"就是一个专门分享家居物品类短视频的抖音号，主要内容为讲解各种产品的功能、性能、设计、做工和性价比等，如试用增压花洒、万次纳米双面胶、电子猫眼、马桶小花、挤牙膏"神器"等各种生活中常用的"网红"产品，获得了一百多万粉丝关注，如图 3-14 所示。

图 3-14　"柯东西北"发布的家居物品类短视频内容

对于那些没有一技之长的用户来说，也可以去淘宝、拼多多等电商平台，找一些销量高、热度高的"网红"日用品，来模仿这些爆款短视频的拍摄方法，拍出自己的短视频作品。

030　探店类短视频的拍摄技巧

在各大短视频平台上，探店类短视频也占据了一席之地。探店类短视频之所以如此火爆，主要在于它能够帮助那些想要去而由于各种原因没有去过的观众，提前了解这些店铺的消费经验，而且这个过程能够给观众带来身临其境的直观体验感。

用户在拍摄探店类短视频时，可以与要去的商家进行合作，将店铺的优势通过短视频展现出来，当然也要保证内容的真实性，这样才能打造你的短视频账号的信任度。下面笔者分享一些探店类短视频的拍摄技巧。

（1）店主出镜。对于爱表演、有打造 IP 形象想法的店主来说，用户可以帮助他们策划剧情，安排在短视频中真人出镜，让他们现身说法，增加视频内容和产品服务的可信度。

（2）融入情感。探店类短视频的主要内容虽然是推广商家的产品或服务，但用户也可以在视频中加入情感故事来打动观众，这样更容易获取粉丝的关注。

（3）增加笑点。在探店类短视频的表演形式上，尽量增加一些有笑点或槽点的段子，同时也可以运用幽默搞笑的解说方式，来突出店铺产品或服务特征。

（4）搭配字幕。由于短视频的内容比较精彩，通常解说的语速较快，有可能观众会难以理解，因此必须给语音增加字幕，便于观众理解和记忆。如图 3-15 所示为"探苏州"抖音号发布的美食探店类短视频作品，这个账号的粉丝虽然刚过百万，但点赞量却达到了 1292.2 万次，观众的评论互动量非常高。

（5）地理定位。建议商家一定要认证抖音的 POI(Point Of Interest，可理解为兴趣点或定位)，这样可以获得一个专属的唯一地址标签，只要能在高德地图上找到你的实体店铺，认证后即可在短视频中直接展示出来。这样，看到视频的观众只需点击视频中的绿色地理位置标签，即可跳转到店铺主页，如图 3-16 所示。在该页面中会展示店铺的地图位置、访问次数、营业时间、推荐菜及相关的探店短视频，同时观众还可以在这里对大家进行提问，了解店铺的各种细节信息。

图 3-15　美食探店类短视频示例

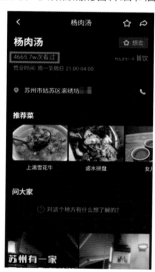

图 3-16　商家 POI 页面

专家提醒

　　商家可以通过 POI 页面，建立与附近粉丝直接沟通的桥梁，向他们推荐商品、优惠券或店铺活动等，可以有效为线下门店导流，同时能够提升转化效率。

　　另外，抖音还推出了"扫码拍视频领券"功能，非常适合线下流量好的实体店，能够极大地鼓励用户在线上进行创作和分享短视频，不仅能够吸引更多用户到店消费，还为店铺在抖音增加了曝光量。

031 技术流类短视频的拍摄技巧

"技术流"是各种技术的合成，常见的技术流类短视频内容包括视频特效、才艺表演、魔术、手工制作、厨艺、摄影等专业技能，用户可以将自己的独特才艺或想法拍成短视频。

以视频特效这种"技术流"内容为例，普通的用户可以直接使用抖音的各种"魔法道具"和控制拍摄速度等功能，然后再选择合适的特效、背景音乐、封面和滤镜等，来实现一些简单的特效。对于较为专业的用户来说，则可以使用巧影、Adobe Photoshop、Adobe After Effects 等软件来实现各种特效。如图 3-17 所示为利用巧影制作的"灵魂出窍"短视频效果。

图 3-17 利用巧影制作的"灵魂出窍"短视频效果

技术流类的短视频内容，很容易吸引大众的注意。例如，"黑脸 V"就是通过技术流的视频内容，再加上从来不露脸的神秘感，成为人们的关注对象，获得了 2359.2 万的粉丝关注，短视频的总点赞量达到 1.6 亿次，如图 3-18 所示。

图 3-18 "黑脸 V"的技术流类短视频内容示例

第 4 章

创意视频：把热点抓住，想不火都难

有了账号定位、有了拍摄对象、有了内容风格后，我们还缺点什么？此时，你只要在短视频中加入一点点创意玩法，这个作品离火爆就不远了。本章笔者总结了一些短视频常用的创意玩法，帮助大家快速打造爆款短视频。

032　电影解说：二次原创，一分钟浓缩的精华

在西瓜视频和抖音上面，常常可以看到各种电影解说的短视频作品，这种内容创作形式相对简单，只要会剪辑软件的基本操作即可完成。电影解说短视频的主要内容形式为剪辑电影中的主要剧情桥段，同时加上语速轻快、幽默诙谐的配音解说。

这种内容形式的主要难点在于用户需要在短时间内将电影内容说出来，这需要用户具有极强的文案策划能力，能够让观众对电影情节有一个大致的了解。电影解说类短视频的制作技巧如图 4-1 所示。

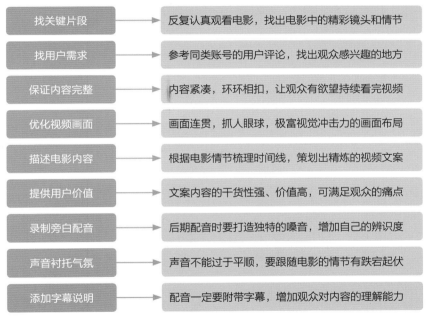

找关键片段	反复认真观看电影，找出电影中的精彩镜头和情节
找用户需求	参考同类账号的用户评论，找出观众感兴趣的地方
保证内容完整	内容紧凑，环环相扣，让观众有欲望持续看完视频
优化视频画面	画面连贯，抓人眼球，极富视觉冲击力的画面布局
描述电影内容	根据电影情节梳理时间线，策划出精炼的视频文案
提供用户价值	文案内容的干货性强、价值高，可满足观众的痛点
录制旁白配音	后期配音时要打造独特的嗓音，增加自己的辨识度
声音衬托气氛	声音不能过于平顺，要跟随电影的情节有跌宕起伏
添加字幕说明	配音一定要附带字幕，增加观众对内容的理解能力

图 4-1　电影解说类短视频的制作技巧

除了直接解说电影内容进行二次原创外，用户也可以将多个影视作品进行排名对比，做一个 TOP 排行榜，对比的元素可以多种多样。以金庸的影视作品为例，可以策划出"武功最高的十大高手""最美十大女主角""最厉害的十种武功秘籍""最感人的十个镜头""人气最高的十大男主角"等短视频内容。

这种电影解说的短视频时间通常为 1 分钟左右，甚至更长。在过去，用户想要上传一分钟长视频，需要满足 1000 以上的粉丝数量才行，如今抖音已经将门槛降低，即使 0 粉丝也能够发布 60 秒长视频，如图 4-2 所示。

另外，用户也可以进入抖音的"设置"界面，选择"反馈与帮助"选项，如

图 4-3 所示。进入"反馈与帮助"界面，在其中选择"如何上传 1 ~ 15 分钟的视频？"问题，如图 4-4 所示。

执行操作后，进入"抖音视频"界面，用户可以点击"点击上传"按钮，根据提示拍摄或上传符合相关要求的成品视频即可，如图 4-5 所示。

图 4-2　拍 60 秒长视频模式

图 4-3　选择"反馈与帮助"选项

图 4-4　选择相应问题

图 4-5　点击"点击上传"按钮

033　游戏录屏：小白也能轻松录制游戏短视频

游戏类短视频是一种非常火爆的内容形式，在制作这种类型的内容时，用户必须掌握游戏录屏的操作方法。

1 手机录屏

大部分的智能手机都自带了录屏功能，快捷键通常为长按"电源键 + 音量键"开始，按"电源键"结束，用户可以尝试或者上网查询自己手机的录屏方法，打开游戏后，按下录屏快捷键即可开始录制画面，如图 4-6 所示。

图 4-6　使用手机进行游戏录屏

对于没有录屏功能的手机来说，也可以去手机应用商店中搜索下载一些录屏软件，如图 4-7 所示。另外，用户还可以通过剪映 App 的"画中画"功能，来合成游戏录屏界面和主播真人出镜的画面，制作更加生动的游戏类短视频作品，如图 4-8 所示。"画中画"功能的具体操作方法将会在后面的章节进行详细介绍。

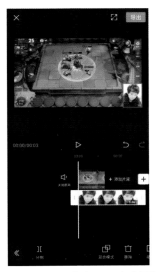

图 4-7　下载手机录屏软件　　　　图 4-8　使用剪映 App 合成视频

2 电脑录屏

电脑录屏的工具非常多，例如 Windows 10 系统和 PPT 2016 都自带了录屏功能。在 Windows 10 系统中，用户可以按下 Win + G 组合键调出录屏工具栏，然后单击红色的圆形按钮即可开始录制电脑屏幕，如图 4-9 所示。

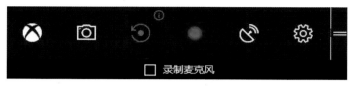

图 4-9　Windows 10 系统的录屏工具

如果 Windows 系统的版本比较低，用户也可以在电脑上安装 PPT 2016，启动软件后切换至"录制"功能区，在"自动播放媒体"选项板中单击"屏幕录制"按钮即可，如图 4-10 所示。

图 4-10　使用 PPT 2016 进行录屏

然后在电脑上打开游戏应用，单击"选择区域"按钮，框选要录制的游戏界面区域，单击"录制"按钮即可开始录制游戏视频，如图 4-11 所示。

图 4-11　使用 PPT 录制游戏视频

当然，上面介绍的都是比较简单的录屏方法，这种方法的优点在于快捷方便。如果用户想制作更加专业的教学类视频或者游戏直播，则需要下载功能更为丰富的专业录屏软件，如迅捷屏幕录像工具等，该软件具有录屏设置、全屏录制、区域录制、游戏模式、添加文本、画线、局部放大、转为 GIF、语言设置、快捷键设置等功能，如图 4-12 所示。

图 4-12　迅捷屏幕录像工具

另外，用户也可以在电脑上安装手机模拟器、雷电模拟器、逍遥模拟器、夜神安卓模拟器、蓝叠模拟器及 MuMu 模拟器等，这些模拟器可以让用户能够在电脑上畅玩各种手游和应用软件，录制游戏视频更为方便，如图 4-13 所示。

图 4-13　使用模拟器在电脑上玩手游

034　课程教学：拍摄知识技能分享类短视频

在短视频时代，我们可以非常方便地将自己掌握的知识录制成课程教学的短视频，然后通过短视频平台来传播并售卖给受众，从而帮助创作者获得不错的收益和知名度。下面笔者总结了一些创作知识技能类短视频的相关技巧，如图 4-14 所示。

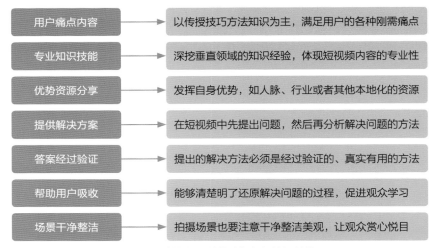

用户痛点内容	➤	以传授技巧方法知识为主，满足用户的各种刚需痛点
专业知识技能	➤	深挖垂直领域的知识经验，体现短视频内容的专业性
优势资源分享	➤	发挥自身优势，如人脉、行业或者其他本地化的资源
提供解决方案	➤	在短视频中先提出问题，然后再分析解决问题的方法
答案经过验证	➤	提出的解决方法必须是经过验证的、真实有用的方法
帮助用户吸收	➤	能够清楚明了还原解决问题的过程，促进观众学习
场景干净整洁	➤	拍摄场景也要注意干净整洁美观，让观众赏心悦目

图 4-14　创作知识技能类短视频的相关技巧

例如，"郑广学网络服务工作室"就是一个分享职场 Excel 知识技能的抖音号，粉丝数量接近百万，如图 4-15 所示。这种软件技能类的短视频，可以直接使用前面介绍的电脑游戏录屏方法来制作。

图 4-15　"郑广学网络服务工作室"抖音号和课程教学短视频示例

对于课程教学类短视频来说，操作部分相当重要，郑广学的每一个短视频都是从自身的微信公众号、QQ 群、网站、抖音、头条号和悟空问答等平台，根据点击量、阅读量和粉丝咨询量等数据，精心挑选出来的热门、高频的实用案例。

同时，"郑广学网络服务工作室"抖音号还直接通过抖音平台来实现商业变现，他开通了该平台的商家号，售卖自己的知识技能短视频和相关书籍，如图 4-16 所示。在线教学是一种非常有特色的知识变现方式，也是一种效果比较可观的吸金方式。如果用户要通过短视频开展在线教学服务的话，首先得在某一领域比较有实力和影响力，这样才能确保教给付费者的东西是有价值的。

图 4-16　郑广学通过抖音商家号实现知识变现

专家提醒

　　用户如果在某一领域或行业经过一段时间的经营，拥有了一定的影响力或者有一定经验之后，也可以将自己的经验进行总结，然后出版图书，以此获得收益。只要作者本身有实力基础与粉丝支持，那么收益还是很乐观的。例如，头条号"手机摄影构图大全"和公众号"凯叔讲故事"等账号都采取了这种方式去获得盈利。

035　翻拍改编：寻找经典镜头，创意如此简单

如果用户在策划短视频内容时，很难找到创意，也可以去翻拍和改编一些经

典的影视作品。例如，由周星驰执
导并主演的经典影片《喜剧之王》，
其中周星驰对张柏芝说了一句"我
养你啊"，这个桥段在网络上被众
多用户翻拍，其话题播放量在抖音
上就达到了 6.2 亿次，如图 4-17
所示。

图 4-17　"# 我养你啊"抖音话题挑战赛

　　用户在寻找翻拍素材时，可以
去豆瓣电影平台上找到各类影片排
行榜，如图 4-18 所示。将排名靠
前的影片都列出来，然后去其中搜
寻经典的片段，包括某个画面、道具、台词、人物造型等内容，都可以将其用到
自己的短视频中。

图 4-18　豆瓣电影排行榜

036　热梗演绎："魔性洗脑"，制造话题热度

　　短视频的灵感来源，除了靠自身的创意想法外，用户也可以多收集一些热
梗，这些热梗通常自带流量和话题属性，能够吸引大量观众的点赞。用户可以将
短视频的点赞量、评论量、转发量作为筛选依据，找到并收藏抖音、快手等短视
频平台上的热门视频，然后进行模仿、跟拍和创新，打造自己的优质短视频作品。
例如，"用盆喝奶茶"这个热梗就被大量用户翻拍，这种来源于日常生活的片段
被大家演绎得十分夸张，甚至还出现了"用盆嗦粉""用缸喝奶茶"等搞笑片段，
如图 4-19 所示。

图 4-19 大量用户翻拍"用盆喝奶茶"的热梗

同时，用户也可以在自己的日常生活中寻找这种创意搞笑短视频的热梗，然后采用夸大化的创新方式将这些日常细节演绎出来。另外，在策划热梗内容时，用户还需要注意以下几个关键元素。

（1）短视频的拍摄门槛低，用户的发挥空间大。

（2）时间剧情内容有创意，牢牢紧扣观众生活。

（3）在短视频中嵌入产品，作为道具展现出来。

037 剧情反转：反差强烈，产生明显对比效果

在策划短视频的剧本时，用户可以设计一些反差感强烈的转折场景，通过这种高低落差的安排，能够形成十分明显的对比效果，为短视频带来新意，同时也为观众带来更多笑点。

例如，由"徐记海鲜"发布的一个剧情反转的短视频，其内容如下。

男朋友的妈妈以为女孩是个卖虾的，给女孩一张百万支票，要求她离开自己的儿子。结果女孩刚走，男朋友跑进来，痛哭流涕地跟他妈妈说，这个海鲜酒楼都是女孩家的，此时剧情反转，男友妈妈颤抖着双手说道："应该还没有走远，赶紧去追。"

这种反转能够让观众产生惊喜感，同时对剧情的印象更加深刻，刺激他们去点赞和转发。下面笔者总结了一些拍摄剧情反转类短视频的相关技巧，如图 4-20 所示。

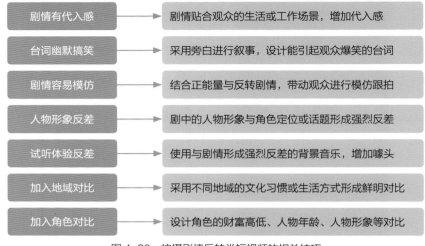

剧情有代入感	➜	剧情贴合观众的生活或工作场景，增加代入感
台词幽默搞笑	➜	采用旁白进行叙事，设计能引起观众爆笑的台词
剧情容易模仿	➜	结合正能量与反转剧情，带动观众进行模仿跟拍
人物形象反差	➜	剧中的人物形象与角色定位或话题形成强烈反差
试听体验反差	➜	使用与剧情形成强烈反差的背景音乐，增加嚎头
加入地域对比	➜	采用不同地域的文化习惯或生活方式形成鲜明对比
加入角色对比	➜	设计角色的财富高低、人物年龄、人物形象等对比

图 4-20　拍摄剧情反转类短视频的相关技巧

038 换装视频：自带话题属性，吸引观众兴趣

抖音换装短视频也是被广大用户模仿跟拍的一个热梗，看上去趣味十足，很容易吸引观众眼球。在拍摄热门的"一秒换装"视频时，用户可以借助"长按拍摄"功能来更加方便地进行分段拍摄，如图 4-21 所示。

图 4-21　借助"长按拍摄"功能拍摄分段视频

用户穿好一套衣服后，可以按住"按住拍"按钮拍摄几秒的视频，然后松开手，

即可暂停拍摄。此时，用户可以再换另一套衣服，摆出跟刚才拍摄时一样的姿势，重复前面的"拍摄→暂停"步骤，直到换装完成即可。

039 合拍视频：蹭热门流量，增加作品曝光度

抖音、快手中常常可以看到很多有意思的合拍短视频玩法，如"忠哥对唱合拍""西瓜妹合拍""小猫合拍"等。大家之所以都喜欢跟热门视频合拍，不仅是为了消遣取乐，更是希望自己的作品也能蹭到热度，获得粉丝关注。

下面介绍使用抖音合拍视频的操作方法。

步骤 01 找到想要合拍的视频，点击"分享"按钮 •••，如图 4-22 所示。

步骤 02 在弹出"分享到"菜单中，点击"合拍"按钮，如图 4-23 所示。

图 4-22 点击"分享"按钮

图 4-23 点击"合拍"按钮

专家提醒 合拍视频后，系统会自动生成"和 ×××（账号）"的合拍标题。用户也可以将其删除，然后自定义新的标题文案。

步骤 03 然后用户可以添加道具、设置速度和美化效果等，点击"拍摄"按钮即可开始合拍，如图 4-24 所示。

步骤 04 拍摄完成后，用户还可以对不满意的地方进行修改，再次设置特效、封面和滤镜效果等，如图 4-25 所示。点击"下一步"按钮即可发布视频。

图 4-24　开始合拍

图 4-25　拍摄完成

040　节日热点：蹭节日热度，增加短视频人气

　　各种节日向来都是营销的旺季，用户在制作短视频时，也可以借助节日热点来进行内容创新，提升作品的曝光量。例如，在抖音或快手平台上就有很多与节日相关的道具，而且这些道具是实时更新的，用户在做短视频的时候不妨试一试，说不定能够为你的作品带来更多人气，如图 4-26 所示。

图 4-26　蹭节日热度的短视频示例

除此之外，用户还可以从拍摄场景、服装、角色造型等方面入手，在短视频中打造节日氛围，引起观众共鸣，相关技巧如图 4-27 所示。

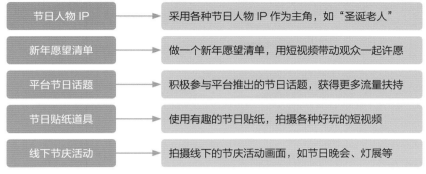

节日人物 IP	➤	采用各种节日人物 IP 作为主角，如"圣诞老人"
新年愿望清单	➤	做一个新年愿望清单，用短视频带动观众一起许愿
平台节日话题	➤	积极参与平台推出的节日话题，获得更多流量扶持
节日贴纸道具	➤	使用有趣的节日贴纸，拍摄各种好玩的短视频
线下节庆活动	➤	拍摄线下的节庆活动画面，如节日晚会、灯展等

图 4-27　在短视频中蹭节日热度的相关技巧

041　创意动画：创作引人注目的动画视频内容

在创作短视频时，用户可以使用"来画视频"这个工具，轻松创作出各种产品宣传、活动促销或员工培训的视频，不仅可以提升创作效率，而且动画形式的内容也更加有趣、生动。下面介绍具体的操作方法。

步骤 01　进入并登录"来画视频"官网，单击"制作视频"按钮，如图 4-28 所示。

图 4-28　单击"制作视频"按钮

步骤 02　进入"模板广场"页面，用户可以在此处根据应用场景、用途、行业或内容风格等标签来筛选合适的模板，也可以直接在搜索框中输入相应关键词来查找，如笔者在这里选择的是"卡通动漫"风格，如图 4-29 所示。

图 4-29 "模板广场"页面

步骤 **03** 执行操作后，即可列出所有"卡通动漫"风格的视频模板，选择相应模板并单击"立即使用"按钮，如图 4-30 所示。

图 4-30 单击"立即使用"按钮

专家提醒　用户选择模板的同时，也可以单击"查看完整"按钮，预览模板视频的主要内容，如图 4-31 所示。

图 4-31 预览模板视频内容

步骤 04 执行操作后，显示操作帮助，依次单击"下一步"按钮，如图 4-32 所示。

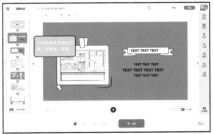

图 4-32 显示操作帮助

步骤 05 执行操作后，进入视频模板编辑界面，用户可以替换其中的动画元素，以及添加文字、角色、道具、形状和声音等元素，还可以修改动画路径和动画效果类型，快速完成动画短视频的制作，如图 4-33 所示。

图 4-33 视频模板编辑界面

第 5 章

带货视频：打造能带货卖货的短视频

学前提示

很多短视频创作者最终都会走向带货卖货这条商业变现之路，短视频能够为产品带来大量的流量转化，让创作者获得盈利。本章将介绍用抖音或快手带货的相关技巧，包括带货短视频的拍摄方法，以及提升流量和转化的干货内容。

042　抖音带货：短视频成为最佳卖货渠道

抖音带货的渠道比较多，主要有商品橱窗、抖音小店、商品外链及鲁班店铺等，如图 5-1 所示。

图 5-1　抖音商品橱窗和抖音小店

要开通抖音小店，首先需要开通商品橱窗功能，用户可以在"商品橱窗"界面中点击"开通小店"按钮，查看相关的入驻资料准备、资质要求和流程概要等内容，根据相关提示来入驻抖音小店，如图 5-2 所示。

图 5-2　抖音小店的申请入口

有了带货渠道后，用户即可开始拍摄带货短视频，并添加相应的商品。下面介绍具体操作方法。

步骤 01 拍摄一个与产品相关的短视频，点击"下一步"按钮，如图 5-3 所示。

步骤 02 进入"发布"界面，输入标题并点击"添加标签"按钮，如图 5-4 所示。

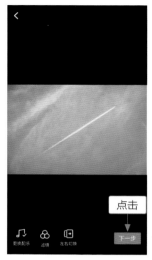

图 5-3　点击"下一步"按钮　　　　图 5-4　输入相应的标题

步骤 03 弹出"添加标签"菜单，选择"商品"选项，如图 5-5 所示。

步骤 04 进入"添加商品"界面，点击商品右侧的"添加"按钮，如图 5-6 所示。

图 5-5　选择"商品"选项

图 5-6　点击"添加"按钮

步骤 05 进入"编辑商品"界面，设置商品原标题、商品短标题、商品分类、商品类型、商品图片等选项，如图 5-7 所示。

步骤 06 在底部点击"添加多件商品"按钮，进入"添加商品"界面，输入相应商品名称并搜索，在结果中找到要出售的商品，点击"添加"按钮，如图 5-8 所示。

图 5-7 编辑商品

图 5-8 搜索商品

步骤 07 进入"编辑商品"界面，设置商品短标题和分类，如图 5-9 所示。

步骤 08 点击"完成编辑"按钮，即可添加多件商品，如图 5-10 所示。

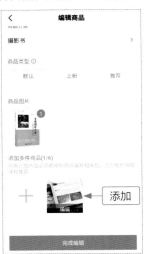

图 5-9 设置商品短标题和分类

图 5-10 添加多件商品

步骤 09 点击"完成编辑"按钮，返回"发布"界面，即可显示添加的多件商品，点击"发布"按钮发布短视频，如图 5-11 所示。

步骤 10 上传成功，即可看到短视频中自动添加了商品标签，如图 5-12 所示。

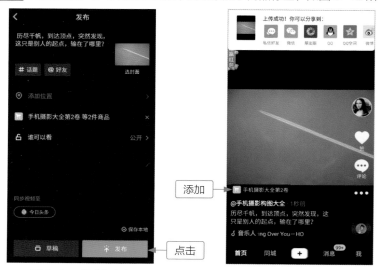

图 5-11 发布短视频

图 5-12 添加商品标签

步骤 11 在播放短视频的同时，商品标签也呈现悬浮卡片的展现形式，让商品内容更加直观，获得更好的引流效果，如图 5-13 所示。

图 5-13 悬浮显示商品卡片

步骤 12　点击商品卡片，即可跳转到商品购买界面，如图 5-14 所示。

步骤 13　点击"去购买"按钮，即可进入商品详情页面，观众可以在此下单购买该商品，如图 5-15 所示。

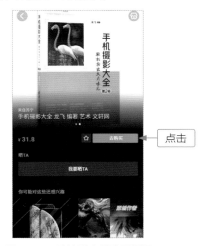

图 5-14　跳转到商品购买界面　　　　图 5-15　商品详情页面

043　快手带货：推动产品销量几何式增长

快手带货的主要渠道为快手小店，可以帮助用户实现在站内卖货变现，高效地将自身流量转化为收益，如图 5-16 所示。

图 5-16　快手小店带货

用户开通快手小店功能后，即可在短视频或直播中关联相应的商品，粉丝在观看视频时即可点击商品直接下单购买。打开快手应用后，点击"菜单"图标，❶选择"更多功能"中的"小店订单"选项进入其界面；❷点击"我要开店"按钮并根据提示进行实名认证即可，如图 5-17 所示。

图 5-17 启用"我的小店"功能

开通"快手小店"功能后，用户不仅能够享受便捷的商品管理及售卖功能，获得多样化的收入方式，而且还能获得更多额外的曝光和吸粉机会。

044 主角人设：复制百万粉丝的带货套路

用户要想成功带货，还需要通过短视频来打造主角人设魅力，让大家记住你、相信你，相关技巧如图 5-18 所示。

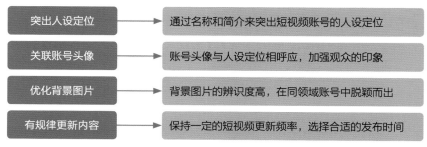

图 5-18 打造主角人设魅力的相关技巧

以"胡华成创业营"抖音号为例，不管是账号名称、个人简介，还是头像和背景图片，以及短视频内容、标题文案和书籍产品，都是以"创业"为核心定位来打造主角人设，如图 5-19 所示。

图 5-19 "胡华成创业营"抖音号

另外，用户还需要在短视频的内容上下功夫，将内容与变现相结合，这样能够更好地吸引粉丝关注，带货自然不在话下，相关技巧如图 5-20 所示。

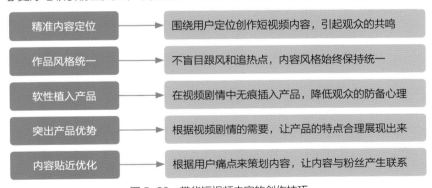

图 5-20 带货短视频内容的创作技巧

045 产品拍摄：拍出能吸引人的带货视频

既然是做带货类短视频，那么产品的拍摄是不可避免的一步。带货短视频可以让消费者更加直观地看到商品的外观、用法与各种细节问题，给消费者带来最直观的产品演示，同时也让店铺和产品的未来有更好的发展。

下面介绍拍摄带货短视频的相关准备和技巧。

（1）拍摄设备。拍摄设备主要包括摄像机、单反相机或者智能手机。其中，摄像机和单反相机比较适合高追求的用户使用，同时还需要配合专业的镜头和参数设置，以及掌握一些摄影知识，才能将产品画面拍摄得更为精美。如果用户只需要简单地拍一些产品外观，那么手机就可以满足你的要求。另外，还需要一些辅助设备，如三脚架、灯光和静物台等。

（2）摆台思路。在拍摄带货短视频前，用户先要想好如何拍，要拍一些什么，提前在脑海里演练一下，或者做一些具体策划，不至于在拍摄时无从下手。如果用户没有特别好的摆台思路，身边也没有什么增强意境的装饰物，也可以直接通过静物台来摆放商品，采用 45°角的拍摄角度，通常可以获得不错的视频画面效果，如图 5-21 所示。

（3）布光技巧。要拍出好看的产品短视频，布光相当重要，可以让视频画面更清晰，同时突出商品主体。通常情况下，产品短视频大多采用三点布光法，如图 5-22 所示。

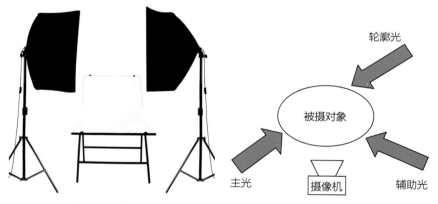

图 5-21　静物台　　　　　　　　图 5-22　三点布光法

- ❍ 主光：用于照亮商品主体和周围的环境。
- ❍ 辅助光：通常其光源强度要弱于主光，主要用于照亮被摄对象表面的阴影区域，以及主光没有照射到的地方，可以增强主体对象的层次感和景深效果。
- ❍ 轮廓光：主要是从被摄对象的背面照射过来，一般采用聚光灯，其垂直角度要适中，主要用于突出产品的轮廓。

（4）拍摄视频。最后一步就是视频的拍摄了，用户可以查阅相机或者手机的说明书来查看设备具体的使用方法，这里不再过多赘述。在拍摄产品短视频时，一定要多注意拍摄角度，可以从多个方向和角度进行拍摄，如俯视、仰视、平视、微距、正面、侧面及背面等，可以拍摄多段视频，在后期进行剪辑处理，让视频内容看起来更加丰富。

　　例如，"懂你的果"抖音号拍摄的这个短视频，用橙子产品摆出了一个有趣的动物造型，并且将其拍成短视频，吸引了很多观众转发和模仿，同时也带动了抖音店铺的销量，如图 5-23 所示。

图 5-23　"懂你的果"抖音号拍摄的产品短视频示例

046　场景植入：巧妙引出产品，植入不突兀

　　在短视频的场景或情节中引出产品，这是非常关键的一步，这种软植入方式能够让营销和内容完美融合，让人印象颇深，相关技巧如图 5-24 所示。

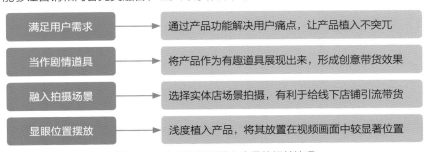

满足用户需求	→	通过产品功能解决用户痛点，让产品植入不突兀
当作剧情道具	→	将产品作为有趣道具展现出来，形成创意带货效果
融入拍摄场景	→	选择实体店场景拍摄，有利于给线下店铺引流带货
显眼位置摆放	→	浅度植入产品，将其放置在视频画面中较显著位置

图 5-24　在视频场景植入产品的相关技巧

简单而言，归纳当前带货类短视频的产品植入形式，大致包括台词表述、剧

情题材、特写镜头、场景道具、情节捆绑，以及角色名称、文化植入、服装提供等，手段非常多，不一而足，用户可以根据自己的需要选择合适的植入方式。

047　突出功能：形成独特的品牌标签记忆

每个产品都有其独特的质感和表面细节，用户在拍摄的短视频中成功地表现出这种质感细节，可以大大地增强产品的吸引力。同时，在短视频中展现产品功能的时候，用户可以从功能用途上寻找突破口，展示产品的神奇用法，如图 5-25 所示。

图 5-25　展示产品功能用途的短视频示例

除了简单地展示产品本身的"神奇"功能之外，还可以"放大产品优势"，即在已有的产品功能上进行创意表现。

> **专家提醒**　短视频中的产品一定要真实，必须符合消费者的视觉习惯，最好真人试用拍摄，这样更有真实感，可以增加观众对你的信任度。

048　开箱测评：一分钟拍出炫酷的开箱视频

在抖音或快手等短视频平台上，很多人仅用一个"神秘"包裹，就能轻松拍出一条爆款短视频。下面笔者总结了一些开箱测评短视频的拍摄技巧，如图 5-26 所示。

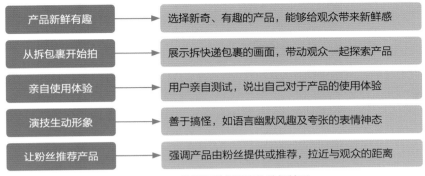

图 5-26 开箱测评类短视频的拍摄技巧

049 效果反差：让短视频内容更加精彩有趣

带货短视频同样可以用反差来增加内容的趣味性，给用户带来新鲜感。当然，这个反差通常是由你要表现的产品带来的。例如，在一个化妆品的带货短视频中，女生使用化妆品前后的惊人效果对比，化妆前可以故意打扮得丑陋一些，然后通过使用化妆品后的效果，给观众带来震惊感，这就是一种明显的反差。

另外，用户也可以使用同类产品进行对比，来突出自己产品的优势。例如，下面这个短视频中，用户采用普通洗手液和智能洗手液进行对比，孰优孰劣一目了然，如图 5-27 所示。

图 5-27 使用同类型产品功效进行对比

050 励志鸡汤：引起精准消费者群体的共鸣

用户可以在带货类短视频中添加一些"励志鸡汤"的内容元素，并且结合用户的需求或痛点，从侧面来突显产品的重要性，这样的内容很容易引起有需求的精准消费者产生共鸣，带货效果也非常好。

例如，"精选速购"抖音号就是通过分享"云店"店主的创业故事，满足观众内心的诉求，让他们变得更加自信，如图 5-28 所示。同时，"精选速购"抖音号通过主页外链的形式导流抖音中的流量，吸引粉丝下载 App 并入驻，如图 5-29 所示。

图 5-28　分享店主创业故事

图 5-29　通过外链进行导流

精准地掌握用户刚需，牢牢把握市场需求，这是所有带货短视频都必须具备的敏感技能。任何产品最后都是需要卖出去，卖给客户，才能换得他口袋里的钱。那么，为什么他们要买你的产品呢？最基本的答案就是，你的产品或服务能够满足他的需求，解决他面临的难题、痛点。例如，共享单车的出现，解决了人们就近出行的刚需难题，因此很快就火爆起来。

> **专家提醒**　刚需是刚性需求 (Inelastic Demand) 的简称，是指在产品供求关系中受价格影响较小的需求。从字面可以理解，"刚需"就是硬性的，人们生活中必须要用的东西。对于带货短视频中的产品选择来说，只有将用户痛点建立在刚需的基础上，才能保证用户基数足够大，而不是目标人群越挖越窄。

第 6 章

拍摄技巧：轻松拍出百万点赞量作品

学前提示

短视频的制作通常包括内容选题、拍摄准备、拍摄过程和后期处理这 4 个步骤，前面笔者已经介绍了大量的爆款内容选题技巧和拍摄准备工作，接下来将重点介绍短视频拍摄过程中的关键要点，帮助大家轻松拍出高曝光的短视频作品，成为抖音、快手短视频达人。

051 拍摄设备：根据实际的需求选择

短视频的主要拍摄设备包括手机、单反相机、微单相机、迷你摄像机和专业摄像机等，用户可以根据自己的资金状况来选择。用户首先需要对自己的拍摄需求做一个定位，到底是用来进行艺术创作，还是纯粹来记录生活，对于后者，笔者建议选购一般的单反相机、微单或者好点的拍照手机即可。只要用户掌握了正确的技巧和拍摄思路，即使是便宜的摄影设备，也可以创作出优秀的短视频作品。

1 要求不高的用户，使用手机即可

对于那些对短视频品质要求不高的用户来说，普通的智能手机即可满足他们的拍摄需求，这也是目前大部分用户使用的拍摄设备。

智能手机的摄影技术在过去几年里得到了长足进步，手机摄影也变得越来越流行，其主要原因在于手机摄影功能越来越强大、手机价格比单反更具竞争力、移动互联时代分享上传视频更便捷等，而且手机可以随身携带，满足随时随地的拍摄需求，让用户也进入这个"全民拍短视频时代"中。

手机摄影功能的出现，使拍摄短视频变得更容易实现，成为人们生活中的一种常见习惯。如今，很多优秀的手机摄影作品甚至可以与数码相机媲美。例如，HUAWEI Mate 30 Pro 采用麒麟 990 旗舰芯片与双 4000 万像素的徕卡电影四摄镜头，能够实现 7680 帧的超高速摄影需求，帮助用户轻松捕捉复杂环境下的艺术光影，做"自己生活中的导演"，如图 6-1 所示。

图 6-1　HUAWEI Mate 30 Pro 智能手机的拍摄功能

❷ 专业拍视频，可使用单反或摄像机

如果用户是专业从事摄影或者短视频制作方面的工作，或者是"骨灰级"的短视频玩家，那么单反相机或者高清摄像机是必不可少的摄影设备，如图 6-2 所示。

图 6-2　单反相机和高清摄像机

此外，这些专业设备拍摄的短视频作品通常还需要结合电脑的后期处理，否则效果不能完全发挥出来。如图 6-3 所示，后期处理为黑白色调的短视频，视频画面的氛围感更浓厚。

图 6-3　后期处理成黑白色调

专家提醒

微单是一种跨界产品，功能定位于单反和卡片机之间，最主要的特点就是没有反光镜和棱镜，因此体积也更加微型小巧，同时还可以获得媲美单反的画质。微单比较适用于普通用户的拍摄需求，不但比单反更加轻便，而且还拥有专业性与时尚性的特质，同样能够获得不错的视频画质表现力。

建议用户购买全画幅的微单相机，因为这种相机的传感器比较大，感光度和宽容度都较高，拥有不错的虚化能力，画质也更好。同时，用户可以根据不同短视频内容题材来更换合适的镜头，拍出有电影感的视频画面效果。

052 录音设备：选择性价比高的品牌

普通的短视频，直接使用手机录音即可，对于采访类、教程类、主持类、情感类或者剧情类的短视频来说，则对声音的要求比较高，推荐大家选择TASCAM、ZOOM、SONY 等品牌的性价比较高的录音设备。

(1) TASCAM：这个品牌的录音设备具有稳定的音质和持久的耐用性。例如，TASCAM DR-100MKIII 录音笔的体积非常小，适合单手持用，而且可以保证采集的人声更为集中与清晰，收录效果非常好，适用于谈话节目类的短视频场景，如图 6-4 所示。

图 6-4　TASCAM DR-100MKIII 录音笔

(2) ZOOM：ZOOM 品牌的录音设备做工与质感都不错，而且支持多个话筒，可以多用途使用，适合录制多人谈话节目、情景剧的短视频。如图 6-5 所示为ZOOM Zoom H6 手持数字录音机，这款便携式录音机能够真实还原拍摄现场的声音，录制的立体声效果可以增强短视频的真实感。

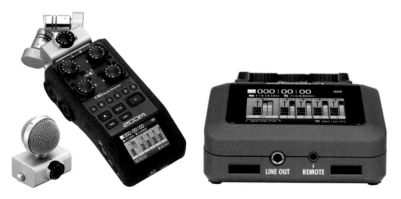

图 6-5　ZOOM Zoom H6 手持数字录音机

（3）SONY：SONY 品牌的录音设备体积较小，比较适合录制各种单人短视频，如教程类、主持类的应用场景。如图 6-6 所示为索尼 ICD-TX650 录音笔，不仅小巧便捷，可以随身携带录音，而且还具有智能降噪、七种录音场景、宽广立体声录音、立体式麦克风等特殊功能。

图 6-6　索尼 ICD-TX650 录音笔

053　灯光设备：注意光线增强美感度

在室内或者专业摄影棚内拍摄短视频时，通常需要保证光感清晰、环境敞亮、可视物品整洁，这就需要明亮的灯光和干净的背景。光线是获得清晰视频画面的有力保障，不仅能够增强画面美感，而且用户还可以利用光线来创作更多有艺术感的短视频作品。下面笔者介绍一些拍摄专业短视频时常用到的灯光设备。

（1）八角补光灯：具体打光方式以实际拍摄环境为准，建议一个顶位、两个低位，适合各种音乐类、舞蹈类、带货类等短视频场景，如图 6-7 所示。

图 6-7　八角补光灯

（2）顶部射灯：大小通常为 15W ～ 30W，用户可以根据拍摄场景的实际面积和安装位置来选择合适的射灯强度和数量，适合舞台、休闲场所、居家场所、娱乐场所、服装商铺、餐饮店铺等拍摄场景，如图 6-8 所示。

图 6-8 顶部射灯

（3）美颜面光灯：美颜面光灯通常带有美颜、美瞳、靓肤等功能，光线质感柔和，同时可以随场景自由调整光线亮度和补光角度，拍出不同的光效，适合拍摄彩妆造型、美食试吃、主播直播及人像视频等场景，如图 6-9 所示。

图 6-9 美颜面光灯

054 辅助设备：拍出电影级观看效果

对于新手来说，拍摄短视频可能一个手机就完全足够了，但对于专业用户来说，可能会购买一大堆辅助设备，来拍出电影级的大片效果。

（1）手机云台：云台的主要功能是稳定拍摄设备，防止画面抖动造成的模糊，适合拍摄户外风景或者人物动作类短视频，如图 6-10 所示。

图 6-10　手机云台

（2）运动相机：运动相机设备可以还原每一个运动瞬间，记录更多转瞬即逝的动态之美或奇妙表情等丰富的细节，还能保留相机的转向运动功能，带来稳定、清晰、流畅的视频画面效果，如图 6-11 所示。运动相机能轻松应对旅拍、Vlog、直播和生活记录等各种短视频场景的拍摄需求。

图 6-11　运动相机

（3）无人机：无人机主要用来高空航拍，能够拍摄出宽广大气的短视频画面效果，给人一种气势恢宏的感觉，如图 6-12 所示。

图 6-12　无人机设备与拍摄效果

（4）外接镜头：用户可以在手机上扩展各种外接镜头设备，主要包括微距镜头、偏振镜、鱼眼镜头、广角镜头和长焦镜头等，能够满足更多的拍摄需求，如图 6-13 所示。

（5）三脚架：三脚架主要用来在拍摄视频时稳固手机或相机，为创作好的短视频作品提供了一个稳定平台，如图 6-14 所示。购买三脚架时注意，它主要起到一个稳定手机的作用，所以脚架需要结实。但是，由于其经常需要被携带，所以又需要有轻便和可随身携带的特点。

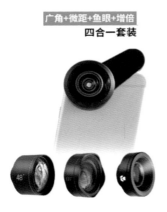

图 6-13　手机外接镜头

图 6-14　手机三脚架

055　精准聚焦：保证视频画面清晰度

　　用户在拍摄短视频时，如果主体对焦不够准确，就很容易造成画面模糊的现象。为了避免出现这种情况，最好的方法就是使用支架、手持稳定器、自拍杆或其他物体来固定手机，防止镜头在拍摄时抖动。

　　另外，用户还可以在拍摄时点击屏幕，让相机的焦点对准画面中的主角，然后再点击拍摄按钮开始录视频，这样既可以获得清晰的视频画面，同时还能突出主体对象。其中，抖音的对焦功能比较简单，用户直接点击屏幕切换对焦点即可，如图 6-15 所示。

　　快手则多了曝光调整功能，用户不仅可以切换对焦点，而且还可以拖曳图标来精准控制主体的曝光范围，如图 6-16 所示。

图 6-15　抖音的对焦功能　　　　　图 6-16　快手的对焦和曝光调整功能

056　专业模式：适合特殊的拍摄需求

　　很多手机自带的相机应用都有专业拍摄模式，用户可以自主调整更多参数，如延时拍摄、慢动作拍摄、慢门光影拍摄、大光圈虚化背景拍摄、GIF 动画拍摄、人脸识别自动补光、添加水印、去雾霾、测脸龄、微距拍摄、自动美颜等功能，这种超前的技术，可以让普通人也能轻松拍出各种有趣的视频画面。

　　用户在拍摄短视频时，可以调出手机的专业模式，然后选择对应的功能即可。不同的手机拥有不同的拍摄功能，用户可以自行探索和试拍。如图 6-17 所示，分别为 360 手机相机中自带的 GIF 动画拍摄和测脸龄拍摄功能。

图 6-17　GIF 动画拍摄和测脸龄拍摄功能

> 专家提醒　没有该功能的手机也可以下载一些 App 来实现，如 "GIF 制作" 软件，即可直接拍摄 GIF 动态图片。

057 相机设置：拍出精致短视频内容

　　在拍摄短视频之前，用户需要选择正确的分辨率和文件格式，通常建议将分辨率设置为 1080p(FHD)、18 ：9(FHD+) 或者 4K(UHD)，如图 6-18 所示。FHD(即 FULL HD) 是 Full High Definition 的缩写，即全高清模式。FHD+ 是一种略高于 2K 的分辨率，也就是加强版的 1080p，而 UHD(Ultra High Definition 的简写) 则是超高清模式，即通常所指的 4K，其分辨率 4 倍于全高清 (FHD) 模式。

图 6-18　手机相机的分辨率设置

例如，抖音短视频的默认竖屏分辨率为 1080×1920、横屏分辨率为 1920×1080。用户在抖音上传拍好的短视频时，系统会对其压缩，因此建议用户先对视频进行修复处理，避免上传后产生模糊的现象。

另外，用户在使用手机自带相机拍视频或拍照时，也可以借助网格功能辅助画面的构图，更好地将观众的视线聚焦到主体对象上，如图 6-19 所示。

图 6-19　使用网格功能辅助画面的构图

058 拍摄姿势：超火的网红拍照姿势

抖音、快手等短视频的拍摄姿势与传统的人像摄影姿势还是有一些区别的，笔者通过分析这些平台上的大部分热门短视频作品，将其总结为"不好好站着"和"不好好坐着"两大类。

(1)"不好好站着"：在短视频中，人物可以更加无拘无束地摆弄身体，也可以做出一些小动作，如举手、踢脚、歪着头等，或者一群人摆出一个集体造型，拍出亮眼、好玩的创意姿势，如图6-20所示。

(2)"不好好坐着"：在拍摄人物坐着的短视频画面时，可以让她摆出各种可爱有趣的表情动作，如双手抱膝、盘腿坐、遮眼、剪刀手、猫爪手、托下巴、眨眼、秘密手势等，如图6-21所示。

图6-20 "不好好站着"拍照示例

图6-21 "不好好坐着"
拍照示例

059 取景构图：让观众眼球聚焦主体

短视频要想获得系统推荐，快速上热门，好的内容质量是基本要求，而构图则是拍好短视频必须掌握的基础技能。拍摄者可以用合理的构图方式来突出主体、聚集视线和美化画面，从而突出视频中的人物或景物的吸睛之点，以及掩盖瑕疵，让短视频的内容更加优质。

短视频画面构图主要由主体、陪体和环境3大要素组成，主体对象包括人物、动物和各种物体，是画面的主要表达对象；陪体是用来衬托主体的元素；环境则是主体或陪体所处的场景，通常包括前景、中景和背景等，如图 6-22 所示。

- 构图：下三分线构图
- 主体：人物
- 陪体：欧式建筑
- 环境：喷泉（前景）、树木（中景）、天空（背景）

- 构图：斜线构图
- 主体：人物
- 陪体：欧式建筑
- 环境：树木（中景）、天空（背景）

图 6-22　短视频构图解析示例

下面笔者总结了一些热门的短视频构图形式，大家在拍摄时可以参考运用，如图 6-23 所示。

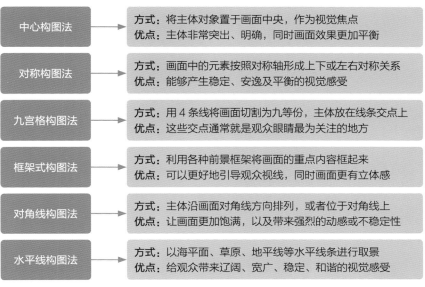

中心构图法	方式：将主体对象置于画面中央，作为视觉焦点 优点：主体非常突出、明确，同时画面效果更加平衡
对称构图法	方式：画面中的元素按照对称轴形成上下或左右对称关系 优点：能够产生稳定、安逸及平衡的视觉感受
九宫格构图法	方式：用 4 条线将画面切割为九等份，主体放在线条交点上 优点：这些交点通常就是观众眼睛最为关注的地方
框架式构图法	方式：利用各种前景框架将画面的重点内容框起来 优点：可以更好地引导观众视线，同时画面更有立体感
对角线构图法	方式：主体沿画面对角线方向排列，或者位于对角线上 优点：让画面更加饱满，以及带来强烈的动感或不稳定性
水平线构图法	方式：以海平面、草原、地平线等水平线条进行取景 优点：给观众带来辽阔、宽广、稳定、和谐的视觉感受

图 6-23　短视频的热门构图方式

第 7 章

抖音拍摄：快速拍出爆款精彩短视频

学前提示

　　抖音是所有短视频创作者必须要学会玩的吸粉平台，正因为抖音有众多的用户数量，因此平台上从来不缺乏各种精彩丰富的内容。本章笔者为大家总结了一些实用的抖音拍摄技巧，帮助大家"分分钟"拍出炫酷的大片效果。

060 选择模式：认识抖音的6大拍摄模式

打开抖音 App，点击主页下方的＋号按钮，即可进入拍摄界面，如图 7-1 所示。在抖音拍摄界面底部可以看到有多种拍摄模式，下面分别进行介绍。

图 7-1　进入抖音拍摄界面

（1）拍照：类似于相机拍照功能，选择该模式后，用户只能添加道具和滤镜，以及使用美化和闪光灯等功能，其他功能则会自动隐藏，如图 7-2 所示。

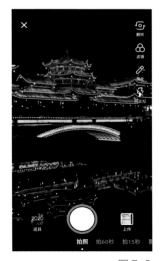

图 7-2　抖音"拍照"模式

（2）拍 60 秒："拍 60 秒"模式界面顶部的进度条会显示 15s 的位置，可以帮助用户更好地把握短视频的时长，如图 7-3 所示。点击中间的红色圆圈按钮即可开始录制视频，最长可以拍摄 60 秒，点击 ✓ 按钮可结束拍摄，如图 7-4 所示。

图 7-3　"拍 60 秒"模式　　　　　图 7-4　录制一分钟视频

（3）拍 15 秒：该模式最长只能拍摄 15 秒，用户在拍摄时还可以点击中间的红色按钮切换暂停和继续录制，如图 7-5 所示。在顶部的进度条中，可以看到两段视频之间会显示一条白色的分割线，点击 ✕ 按钮可以删除上一段视频，如图 7-6 所示。

图 7-5　"拍 15 秒"模式　　　　　图 7-6　删除上一段视频

（4）影集：选择"影集"模式后，用户可以选择下载一个合适的模板，然后进入手机相册挑选想要制作影集的照片，即可快速生成漂亮的短视频影集，同时还支持配乐、特效、字幕、贴纸和滤镜等功能，如图 7-7 所示。

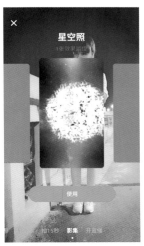

图 7-7　使用"影集"模式制作短视频

（5）开直播：选择该模式后，用户可以在抖音上进行直播，具体开播权限和操作方法将会在第 9 章进行介绍，此处不再赘述。

061　快慢速度：调整音乐和视频的匹配度

在抖音拍摄界面右侧的工具栏中，有一个"速度"开关，点击该开关按钮会弹出速度菜单，如图 7-8 所示。

图 7-8　速度菜单

用户可以选择极慢、慢、标准、快、极快等拍摄速度模式，来匹配背景音乐和视频内容。

- 选择标准模式时，背景音乐和视频都是正常的播放速度。
- 选择极慢、慢模式时，背景音乐的播放速度会加快，而拍摄的视频则会相应变慢，可以拍摄出慢动作效果。
- 选择快、极快模式时，背景音乐的播放速度会变慢，而拍摄的视频则会相应加快，这样用户可以清晰地听到背景音乐中的重音，从而精准卡到节拍。

062 倒计时功能：用远程控制暂停更方便

使用倒计时功能，可以帮助用户实现远程控制短视频的暂停或录制，让一个人也能轻松自拍短视频，下面介绍具体操作方法。

步骤 01 进入抖音拍摄界面，点击右侧的"倒计时"按钮，进入倒计时设置界面，默认有 3s 和 10s 两个倒计时时间，用户可以根据需要进行选择。如图 7-9 所示，选择的是 10s 倒计时开始拍摄。

步骤 02 拖曳下方的黄色拉杆选择暂停位置，这里将暂停位置选择在 5s 处，如图 7-10 所示。

图 7-9　设置倒计时时间

图 7-10　选择暂停位置

步骤 03 设置完毕后，用户可以将手机固定好，点击"开始拍摄"按钮，然后跑到镜头前摆好要拍摄的动作姿态，此时系统会自动倒计时开始拍摄，如图 7-11 所示。

步骤 04 当到达用户所设置的暂停位置后，系统会自动暂停拍摄，方便用户拍摄下一个片段，如图 7-12 所示。

图 7-11　倒计时　　　　　　　　　　　图 7-12　暂停拍摄

063　添加滤镜：瞬间提升视频作品的品质

下面介绍在抖音中为短视频添加滤镜的操作方法。

步骤 01　拍完短视频后进入编辑界面，点击右侧的"滤镜"按钮，如图 7-13 所示。

步骤 02　弹出滤镜菜单，包括人像、风景、美食和新锐 4 大类，用户可以根据拍摄场景选择合适的滤镜，如图 7-14 所示。

图 7-13　点击"滤镜"按钮　　　　　　　图 7-14　弹出滤镜菜单

步骤 **03** 选择相应滤镜后，用户还可以调整滤镜程度，如图 7-15 所示。

步骤 **04** 点击视频预览区，即可应用该滤镜效果，如图 7-16 所示。接下来点击"下一步"按钮发布视频即可。

图 7-15　调整滤镜程度　　　　图 7-16　应用滤镜效果

　　另外，如果用户是在拍摄视频前设置滤镜功能，则还可以点击右侧的"管理"按钮，如图 7-17 所示。执行操作后，可以调出滤镜管理菜单，向下翻动可以选择添加和应用更多的滤镜效果，如图 7-18 所示。

图 7-17　点击"管理"按钮　　　　图 7-18　管理滤镜

064 美化功能：轻松打造自然的美颜效果

　　抖音的"美化"功能主要是针对人物的美颜处理，具体操作方法如下。

步骤 01 进入抖音拍摄界面，点击右侧的"美化"按钮，如图 7-19 所示。

步骤 02 弹出"美颜"菜单，默认为"磨皮"选项，用户可以拖曳滑块根据需要调整磨皮程度，如图 7-20 所示。

图 7-19　点击"美化"按钮　　　　图 7-20　调整"磨皮"选项

步骤 03 选择"瘦脸"功能，向右拖曳滑块即可自动进行瘦脸处理，如图 7-21 所示。

步骤 04 选择"大眼"功能，向右拖曳滑块即可自动放大人物的眼睛，如图 7-22 所示。

图 7-21　调整"瘦脸"选项　　　　图 7-22　调整"大眼"选项

065 闪光灯功能：加强弱光环境的曝光量

当用户在夜晚或者漆黑的室内拍摄短视频时，可以打开抖音的闪光灯功能，加强弱光环境下的曝光量，让视频画面更加清晰。

在抖音拍摄界面中，点击右侧的"闪光灯"按钮，如图7-23所示。执行操作后，即可打开手机闪光灯拍摄视频，如图7-24所示。

图7-23　点击"闪光灯"按钮　　　　图7-24　打开手机闪光灯

另外，对于视频质量要求更高的用户来说，可以购买一个手机LED外置补光灯，不仅能够补光，而且还有美颜亮白功能，能够让拍摄的人物五官轮廓更加立体，如图7-25所示。

图7-25　手机LED外置补光灯

066　抢镜功能：消除距离感，增加互动性

用户在抖音上看到喜欢的视频内容或者创作者后，可以用"抢镜"功能跟他们进行互动，而且还可以基于优秀的原素材进行个性化的创作，下面介绍具体操作方法。

步骤 01 找到要"抢镜"拍摄的短视频，点击"分享"按钮 ⤴ 或者"更多"按钮，如图 7-26 所示。

步骤 02 在弹出的底部菜单中选择"抢镜"选项，如图 7-27 所示。

图 7-26　点击"更多"按钮

图 7-27　选择"抢镜"选项

步骤 03 执行操作后，进入短视频拍摄界面，同时会显示"抢镜"的短视频画面，如图 7-28 所示。

步骤 04 拖动画面可以调整分镜头的位置，如图 7-29 所示。

步骤 05 点击红色的圆形按钮，开始拍摄"抢镜"短视频，如图 7-30 所示。

步骤 06 录制完成后，"抢镜"视频会通过画中画的形式展现在用户拍摄的短视频上，还可以为视频添加特效、文字、滤镜和贴纸等效果，如图 7-31 所示。

图 7-28　进入短视频拍摄界面

图 7-29　调整分镜头的位置

图 7-30　拍摄"抢镜"短视频

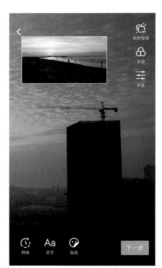

图 7-31　完成拍摄

067　裁剪视频：快速去除多余的镜头画面

下面介绍在抖音中裁剪短视频的操作方法。

步骤 01　进入抖音拍摄界面，点击右下角的"上传"按钮，如图 7-32 所示。

步骤 02 进入"所有照片"界面，切换至"视频"选项卡，选择相应的视频素材，如图 7-33 所示。

图 7-32　点击"上传"按钮

图 7-33　选择视频素材

步骤 03 进入视频裁剪界面，拖动时间轴两端的黄色拉杆，即可裁剪视频，如图 7-34 所示。

步骤 04 点击 按钮，可以调整视频的播放速度，如图 7-35 所示。

图 7-34　裁剪视频

图 7-35　调整视频的播放速度

步骤 **05** 点击 🔄 按钮，可以翻转视频画面，如图 7-36 所示。

步骤 **06** 点击"下一步"按钮，即可完成短视频的裁剪操作，如图 7-37 所示。用户可以在此给视频添加配乐、特效、文字等，然后点击"下一步"按钮发布短视频。

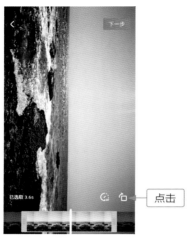

图 7-36　翻转视频画面

图 7-37　完成裁剪操作

068 画质增强：一键提高抖音的拍摄画质

用户拍摄或者上传短视频后，可以在视频编辑界面中点击"画质增强"按钮，如图 7-38 所示。执行操作后，即可一键提高短视频的画质，如图 7-39 所示。

图 7-38　点击"画质增强"按钮

图 7-39　开启"画质增强"功能

　　不管用户的手机多么好，在上传视频时，多多少少都会出现画质模糊的情况，因此建议用户尽量上传单反等设备拍摄的短视频。另外，用户也可以开启"画质增强"功能，让上传的短视频画质更加清晰，如图 7-40 所示。

图 7-40　画质增强效果

069　自动字幕：一键识别声音并添加字幕

　　用户在拍摄抖音短视频时，可以将自己说的话自动转化为字幕内容，下面介绍具体的操作方法。

步骤 01　在抖音中拍摄或者上传一段短视频，进入视频编辑界面，点击右侧的 ∨ 按钮，如图 7-41 所示。

步骤 02　执行操作后，即可展开更多菜单功能，点击"自动字幕"按钮，如图 7-42 所示。

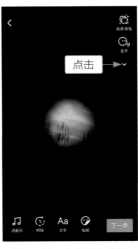

图 7-41　点击相应按钮

图 7-42　点击"自动字幕"按钮

步骤 03 执行操作后，开始自动识别字幕，如图 7-43 所示。

步骤 04 稍等片刻，即可完成识别，并自动生成与语音或旁白内容同步的字幕，如图 7-44 所示。

图 7-43　自动识别字幕　　　　　图 7-44　生成字幕

步骤 05 点击 🅰️ 按钮，可以设置字幕的颜色和字体效果，如图 7-45 所示。点击 ✅ 按钮确认文字样式的修改。

步骤 06 返回到字幕识别界面，点击"保存"按钮，即可添加视频字幕，如图 7-46 所示。

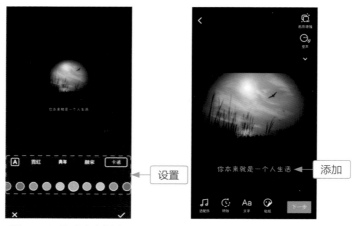

图 7-45　修改文字样式　　　　　图 7-46　添加视频字幕

步骤 07 点击"下一步"按钮，发布并预览短视频，效果如图 7-47 所示。这里只是简单介绍抖音的字幕识别功能，更多字幕玩法，大家可以阅读本书第 13 章的内容。

图 7-47　预览短视频

070　添加贴纸：提升短视频的颜值和气质

在短视频中添加各种各样的贴纸，或可爱，或唯美，能够瞬间让你的作品变得更与众不同。下面介绍在抖音中给短视频添加贴纸的操作方法。

步骤 01　在抖音中拍摄或者上传一段短视频，进入视频裁剪界面，点击"下一步"按钮，如图 7-48 所示。

步骤 02　执行操作后，进入视频编辑界面，点击底部的"贴纸"按钮，如图 7-49所示。

图 7-48　点击"下一步"按钮　　　图 7-49　点击"贴纸"按钮

步骤 **03** 执行操作后，弹出"贴纸"菜单，用户可以在下方选择一个自己喜欢或者适合视频主题的贴纸，如图 7-50 所示。

图 7-50　选择合适的贴纸

步骤 **04** 执行操作后，即可在视频中添加贴纸，如图 7-51 所示。

步骤 **05** 按住贴纸并拖曳，即可调整贴纸的位置，用户可以将其调整到视频中合适的位置，如图 7-52 所示。

图 7-51　添加贴纸　　　　　　　　图 7-52　调整贴纸位置

步骤 **06** 点击贴纸，弹出相应菜单，选择"设置时长"选项，如图 7-53 所示。

步骤 **07** 进入"设置时长"界面，用户可以拖动时间轴两端的黄色拉杆来选取贴纸的持续时间，如图 7-54 所示。点击✅按钮即可设置贴纸时长。

图 7-53　选择"设置时长"选项

图 7-54　选取贴纸的持续时间

步骤 **08** 另外，用户还可以在"贴纸"菜单中选择"表情"选项，切换至"表情"选项卡，在其中选择相应的表情图像，如图 7-55 所示。

步骤 **09** ❶在视频画面中添加一个可爱的表情图像，❷并适当调整其位置和持续时间，如图 7-56 所示。

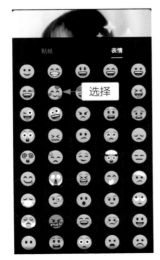

图 7-55　选择相应的表情

图 7-56　添加表情图像

步骤 10 点击✅按钮返回视频编辑界面，点击"下一步"按钮发布并预览短视频，效果如图 7-57 所示。

图 7-57　预览短视频

071　发布视频：这样发抖音，轻松上热门

当用户拍摄并制作好短视频后，最后一步就是发布短视频了，这里也有很多需要注意的地方，设置好了发布选项，能够让作品轻松上热门。

1 选择封面：使用最美最精彩的画面

下面介绍选择短视频封面的操作方法。

步骤 01 拍摄或上传短视频后，进入视频编辑界面，完成视频的基本编辑处理，点击"下一步"按钮，如图 7-58 所示。

步骤 02 进入"发布"界面，点击右上角的"选封面"按钮，如图 7-59 所示。

选择抖音短视频封面有以下几个技巧。

○　封面图与短视频的内容风格要统一，打造出用户的独特识别度。

○　封面图中的文字要醒目，能够让观众看得清楚、舒适。

○　封面图片的颜色搭配美观，能够吸引观众眼球。

○　根据内容选择封面，例如，风景类视频可以选择最漂亮的风景画面，剧情类视频则可以挑选剧情高潮的镜头作为封面。

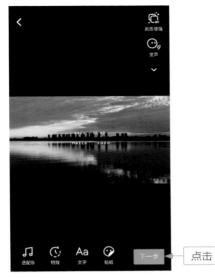

图 7-58　点击"下一步"按钮

图 7-59　点击"选封面"按钮

步骤 03 执行操作后，进入选择封面界面，如图 7-60 所示。

步骤 04 用户可以在下方的时间轴中点击相应的镜头画面，或者滑动白色方框来选择封面，如图 7-61 所示。

图 7-60　进入选择封面界面

图 7-61　选择封面（1）

步骤 05 用户可以多预览，选择一个最为合适的封面图片，如图 7-62 所示。

步骤 06 选好封面后，点击右上角的 **✓** 按钮，即可更换封面图，如图 7-63 所示。

图 7-62　选择封面 (2)

图 7-63　更换封面图

❷ 添加位置：获得更多附近精准流量

在发布视频时，添加位置有助于提升作品的曝光量，获得更多精准流量。用户可以在"发布"界面的"添加位置"选项下方选择系统推荐的地理位置，这些都是系统根据用户的实时位置数据进行定位获得的。

另外，用户可以点击"添加位置"按钮进入其设置界面，可以直接在该界面根据距离来选择相应的位置，也可以在搜索框中输入短视频的拍摄地点来搜索合适的位置，如图 7-64 所示。

在搜索结果中选择相应的位置，即可返回"发布"界面，更改短视频的位置标签内容，如图 7-65 所示。

❸ 标题文案：抓住眼球，调动好奇心

写好短视频的标题文案，能够让你的作品获得更多的曝光量和流量。下面笔者总结了一些标题文案的创作技巧，帮助大家快速打造爆款标题，如图 7-66 所示。

图 7-64　搜索合适的位置

图 7-65　更改位置标签

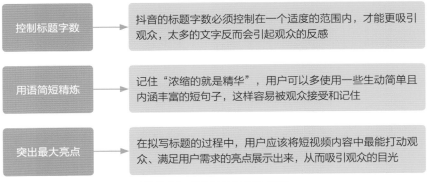

图 7-66　标题文案的创作技巧

在"发布"界面中，点击标题文本框，即可在其中输入相应的标题内容，同时用户还可以点击"＃话题"和"@ 好友"按钮，在标题中添加话题或提醒好友，如图 7-67 所示。

设置好标题后，点击"发布"按钮，即可在抖音平台上发布短视频，如图 7-68 所示。

图 7-67　设置短视频标题内容

图 7-68　在抖音平台上发布短视频

第 8 章

快手拍摄：这样拍视频更能博人眼球

学前提示

在快手短视频平台上，每个普通人都能够吸引大量粉丝关注，都有成为"网红"的机遇。当然，前提是你能够拍摄出优质的短视频作品。本章以快手平台为主，介绍利用快手提供的各种工具拍摄和制作短视频的实操干货，为大家提供真真切切的帮助，让你轻松拍出爆款短视频。

072 选择尺寸：调整短视频画面的大小

在使用快手拍摄短视频时，用户可以自由选择屏幕尺寸大小，拍摄出不同构图画幅的短视频尺寸，下面介绍具体操作方法。

步骤 01 在快手主页或短视频信息流中，点击右上角的 按钮，如图 8-1 所示。

步骤 02 进入视频拍摄界面，点击上方的 按钮，如图 8-2 所示。

图 8-1 点击"录制"按钮　　图 8-2 点击"尺寸设置"按钮

步骤 03 弹出尺寸选择菜单，默认拍摄尺寸为 9：16，如图 8-3 所示。

步骤 04 在菜单中选择"全屏"选项，即可拍摄全屏尺寸，如图 8-4 所示。

图 8-3 9：16 画面尺寸　　图 8-4 全屏画面尺寸

步骤 05 在菜单中选择 3 ：4 选项，即可使用这种经典的画幅比例形式拍摄短视频，如图 8-5 所示。

步骤 06 在菜单中选择 1 ：1 选项，即可使用方形的画面尺寸拍摄短视频，如图 8-6 所示。

图 8-5　3 ：4 画面尺寸　　　　　　　图 8-6　1 ：1 方形画面尺寸

步骤 07 通常情况下，建议大家采用 9 ：16 的画面尺寸拍摄，这样能够符合大部分观众的观看需求，如图 8-7 所示。

图 8-7　使用 9 ：16 画面尺寸拍摄的短视频画面

073 定时拍摄：设置倒计时与定时停功能

用户在拍摄快手短视频时，可以通过"倒计时"与"定时停"功能，轻松实现远程拍摄，下面介绍具体方法。

步骤 01 进入快速拍摄界面，点击右侧的"倒计时"按钮，即可开启"倒计时 3 秒"功能，如图 8-8 所示。

步骤 02 再次点击"倒计时"按钮，即可关闭倒计时拍摄功能，如图 8-9 所示。

步骤 03 开启"倒计时"功能后，录制前会倒数 3 秒，如图 8-10 所示。

图 8-8 点击"倒计时"按钮

图 8-9 关闭倒计时拍摄功能

步骤 04 倒数完 3 秒后，即可开始拍摄短视频，如图 8-11 所示。

图 8-10 倒数 3 秒

图 8-11 开始拍摄短视频

步骤 05 在拍摄界面点击"定时停"按钮，弹出设置菜单，如图 8-12 所示。

步骤 06 ❶用户可以拖曳橙色的拉杆，选择视频的暂停时间点；❷点击"增加暂停点"按钮即可完成设置，如图 8-13 所示。

图 8-12　弹出定时停设置菜单

图 8-13　选择暂停点

步骤 07 再次点击"定时停"按钮，❶在时间轴中拖曳拉杆调整暂停点；❷点击"修改暂停点"按钮，即可修改之前设置的暂停点，如图 8-14 所示。

步骤 08 拍摄视频时，画面将在设定的时间点自动暂停拍摄，如图 8-15 所示。

图 8-14　修改暂停点

图 8-15　自动暂停拍摄

074 美化拍摄：帮你塑造完美的人物形象

在快手拍摄界面点击"美化"按钮，可以看到"美化"功能，包括美颜、美妆、美体和滤镜 4 个选项，如图 8-16 所示。

1 美颜处理

快手包括 5 个"美颜"级别，用户可以根据实际需求来选择合适的"美颜"级别，如图 8-17 所示。

图 8-16　快手"美化"功能菜单

图 8-17　5 个"美颜"级别

点击相应的"美颜"级别按钮，用户可以使用其预设的参数，也可以自己调整美白、瘦脸、磨皮、大眼、瘦鼻、嘴形、法令纹、黑眼圈、白牙、亮眼、下巴、瘦颧骨等参数，打造出更加个性化的美颜效果，如图 8-18 所示。

2 美妆处理

"美妆"功能主要针对

图 8-18　"美颜"设置选项

人物的妆容进行美化处理，用户点击下面的美妆主题，即可应用相应的美妆效果，如自然、可爱、优雅等，如图 8-19 所示。

图 8-19　应用美妆效果

连续两次点击相应的"美妆"主题，可以调整该主题的细节参数，包括口红、眉毛、腮红、修容、眼影、眼线、睫毛、双眼皮、美瞳等效果，如图 8-20 所示。选择相应的选项，还可以调整更多个性化的细节美妆效果，如图 8-21 所示。

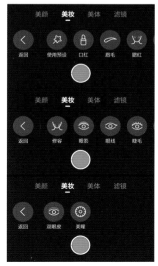 

图 8-20　"美妆"调整选项　　　　图 8-21　调整细节美妆效果

❸ 美体处理

"美体"功能主要针对人物的体型进行美化处理，具体功能包括一键瘦身、长腿、瘦腰、小头、天鹅颈、瘦肩、丰胸、美胯等，用户在拍摄时可以选择相应的功能进行调整，如图8-22所示。

图 8-22　"美体"功能调整

❹ 滤镜处理

切换至"滤镜"选项卡，选择相应的滤镜类型，即可应用该滤镜效果，如图8-23所示。拖动滑杆还可以调整滤镜的程度，如图8-24所示。

图 8-23　添加滤镜效果　　　　　　图 8-24　调整滤镜程度

075　K歌模式：轻松录制歌曲或音乐MV

下面介绍快手"K歌"功能的操作方法。

步骤 **01** 在拍摄界面选择"K歌"模式，进入后首先选择伴奏，如图 8-25 所示。

步骤 **02** 选择伴奏后进入录歌界面，默认为"独唱"模式，如图 8-26 所示。

图 8-25　选择伴奏

图 8-26　录歌界面

步骤 **03** 点击"合唱"按钮进入该模式，可以邀请搭档一起唱，如图 8-27 所示。

步骤 **04** 点击底部的黄色录制按钮，即可开始录歌，如图 8-28 所示。

图 8-27　"合唱"模式

图 8-28　开始录歌

步骤 05 点击"音量"按钮，可以调整伴奏的音量大小，如图 8-29 所示。

步骤 06 录制完成后点击"下一步"按钮，进入后期处理界面，如图 8-30 所示。

图 8-29　调整伴奏音量　　　　　　图 8-30　后期处理界面

步骤 07 点击"设置封面"按钮，进入"所有照片"界面，选择一个合适的封面图片，如图 8-31 所示。

步骤 08 点击"下一步"按钮，即可设置封面效果，如图 8-32 所示。如果用户对封面效果不满意，还可以点击"更换封面"按钮更换其他的封面。

图 8-31　选择封面图片　　　　　　图 8-32　设置封面效果

步骤 09 点击"调音"按钮，可以调整音量、混响和变声等效果，对声音进行处理，使其效果更加动听，如图 8-33 所示。

图 8-33　"调音"处理功能

步骤 10 点击"美化"按钮，可以给照片添加美颜和滤镜效果，让封面照片更加吸引人，获得更多的点击和关注，如图 8-34 所示。

步骤 11 点击"文字"按钮，❶可以输入相应的主题文字；❷并选择合适的文字模板来装饰文字素材；❸点击 ✓ 按钮确认，如图 8-35 所示。

图 8-34　"美化"处理

图 8-35　输入主题文字

步骤 **12** ▶ 返回封面设置界面，点击"下一步"按钮进入发布界面，设置相应的文字说明和位置等，还可以 @ 好友和添加话题，如图 8-36 所示。

步骤 **13** ▶ 点击"发布"按钮，即可发布"K 歌"短视频，如图 8-37 所示。

图 8-36　发布设置　　　　　　　　图 8-37　发布"K 歌"短视频

在"K 歌"模式的录制界面中，用户还可以点击 MV 按钮切换至该模式，录制 MV 视频，如图 8-38 所示。另外，还可以点击"最热片段"按钮，通过系统的 AI 功能识别歌曲的副歌部分，直接开唱最热门最广为人知的副歌部分，如图 8-39 所示。

图 8-38　MV 录制模式　　　　　　图 8-39　选择"最热片段"

076 剪切视频：删除视频中的某些画面

下面介绍在快手中剪切视频的操作方法。

步骤 01 在快手中上传一个短视频，如图 8-40 所示。

步骤 02 拖曳时间轴两端的拉杆，即可剪辑视频，如图 8-41 所示。

图 8-40　上传短视频　　　　　　　　　图 8-41　剪辑视频

步骤 03 点击"下一步"按钮，进入视频后期处理界面，如图 8-42 所示。

步骤 04 点击右上角的"剪切"按钮，进入"剪切"界面，如图 8-43 所示。

图 8-42　进入视频后期处理界面　　　图 8-43　进入"剪切"界面

步骤 05 点击"选取"按钮，将自动播放视频，同时会选取相应的剪切区域，如图 8-44 所示。

步骤 06 点击"确定"按钮，确认选择视频片段，如图 8-45 所示。

图 8-44 选取剪切区域

图 8-45 确认选择

步骤 07 用户可以拖曳选择框两段的拉杆，调整选中片段的范围，如图 8-46 所示。

步骤 08 点击"删除"按钮，即可删除选中的视频片段，点击右下角的 ✔ 按钮即可确认剪切操作，如图 8-47 所示。

图 8-46 调整选中片段的范围

图 8-47 删除选中的视频片段

077 设置封面：让用户一眼便关注到你

下面介绍给快手短视频设置封面的操作方法。

步骤 01 拍摄短视频后进入后期处理界面，点击"封面"按钮，如图 8-48 所示。

步骤 02 执行操作后，进入"封面"设置界面，如图 8-49 所示。

图 8-48　点击"封面"按钮　　　图 8-49　进入"封面"设置界面

步骤 03 在底部的时间轴上拖曳鼠标或者点击相应画面片段，即可选择封面。用户可以多对比查看，找到最精彩的画面，如图 8-50 所示。

图 8-50　选择封面片段

步骤 **04** 选择一个文字模板，输入相应的封面主题文字，如图 8-51 所示。

步骤 **05** 另外，用户还可以选择带有快手号的主题模板，让封面能够为你的快手账号进行引流，如图 8-52 所示。

图 8-51 输入封面主题文字

图 8-52 选择封面主题模板

步骤 **06** 按住主题文字并拖曳，即可调整其位置，如图 8-53 所示。

步骤 **07** 点击右下角的✓按钮返回后期处理界面，点击"下一步"按钮发布短视频，即可看到设置的封面效果，如图 8-54 所示。

图 8-53 调整封面主题文字位置

图 8-54 设置封面效果

078　创意涂鸦：让你的视频散发无穷魅力

下面介绍在快手中给视频添加涂鸦效果的操作方法。

步骤 01 拍摄短视频后进入后期处理界面，点击"涂鸦"按钮，如图 8-55 所示。

步骤 02 进入"涂鸦"设置界面，选择要添加涂鸦的片段，如图 8-56 所示。

图 8-55　点击"涂鸦"按钮　　　图 8-56　选择要添加涂鸦的片段

步骤 03 在底部的列表中选择相应的涂鸦元素，如图 8-57 所示。

步骤 04 在视频预览区中画画，即可添加相应路径的涂鸦动画，如图 8-58 所示。

图 8-57　选择相应的涂鸦元素　　　图 8-58　添加涂鸦动画

步骤 **05** 使用同样的操作方法，在视频的不同时间处添加其他涂鸦动画效果，如图 8-59 所示。注意，涂鸦动画效果可以叠加出现。

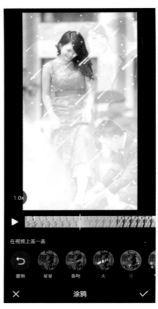

图 8-59 添加其他涂鸦动画效果

步骤 **06** 点击右下角的 ✓ 按钮返回后期处理界面，点击"下一步"按钮发布短视频，预览视频涂鸦动画效果，如图 8-60 所示。

图 8-60 预览视频涂鸦动画效果

079　快闪视频：使用模板制作简单而快捷

下面介绍在快手中制作创意快闪短视频的操作方法。

步骤 01　进入视频拍摄界面，点击左上角的"快闪视频"按钮，如图 8-61 所示。

步骤 02　执行操作后，进入"快闪视频"制作界面，如图 8-62 所示。

图 8-61　点击"快闪视频"按钮　　　图 8-62　"快闪视频"界面

步骤 03　❶在下方选择相应的快闪视频主题模板；❷点击"使用此模板制作"按钮开始下载模板，如图 8-63 所示。

步骤 04　下载完成后，进入模板详情页，点击"添加图片"按钮，如图 8-64 所示。

图 8-63　选择"蝴蝶梦"主题模板　　图 8-64　点击"添加图片"按钮

步骤 **05** 进入手机相册，根据要求选择 6 张照片，如图 8-65 所示。

步骤 **06** 点击"选好了"按钮，即可自动合成快闪视频，如图 8-66 所示。

图 8-65　选择照片　　　　　　　　图 8-66　自动合成快闪视频

步骤 **07** 在视频预览区中拖曳照片，可以调整显示区域，如图 8-67 所示。

步骤 **08** 使用同样的操作方法，调整其他照片的显示区域，确保人物脸部得到完整的展现，如图 8-68 所示。

图 8-67　预览调整显示区域 1

图 8-68　预览调整显示区域 2

步骤 09 点击"下一步"按钮，进入短视频编辑界面，用户可以在此给视频添加文字、滤镜、配乐、贴纸等效果，以及设置视频封面，如图 8-69 所示。

步骤 10 点击"下一步"按钮，进入发布界面，自动添加"# 快闪视频"话题，如图 8-70 所示。

图 8-69　短视频编辑界面

图 8-70　快闪视频发布界面

步骤 11 点击"发布"按钮，即可发布短视频，效果如图 8-71 所示。这个快闪模板与 Flash 中的形状补间动画效果非常类似，画面的焦点始终锁定在人脸上，用户可以看到人脸的无痕切换转场效果。

图 8-71　预览视频效果

080 | 同框拍摄：快速制作同框合拍短视频

下面介绍使用快手"一起拍同框"功能拍摄制作同框短视频的操作方法。

步骤 01 找到要合拍的短视频，点击右下角的"分享"按钮，在弹出的菜单中点击"一起拍同框"按钮，如图 8-72 所示。

步骤 02 执行操作后，进入"拍同框"拍摄模式，如图 8-73 所示。

图 8-72 点击"一起拍同框"按钮　　　　图 8-73 "拍同框"拍摄模式

步骤 03 点击右侧的"录音"按钮，弹出相关提示，建议用户在安静环境下拍摄，如图 8-74 所示。

步骤 04 点击右下角的"右屏"按钮，调出分屏菜单，如图 8-75 所示。

步骤 05 点击"左屏"按钮，即可切换各个分屏幕的展示位置，如图 8-76 所示。

图 8-74 弹出相关提示　　　　图 8-75 调出分屏菜单

步骤 06 点击"画中画"按钮，即可切换为画中画拍摄模式，如图 8-77 所示。

图 8-76 "左屏"拍摄模式   图 8-77 "画中画"拍摄模式

步骤 07 点击"拍摄"按钮，即可开始拍摄同框视频，如图 8-78 所示。拍摄完成后，点击"下一步"按钮即可完成拍摄。

　　用户可以在发布界面点击"个性化设置"按钮，打开"允许别人跟我拍同框"功能，如图 8-79 所示。这样作品发布后，其他用户即可拍摄制作"同框"视频。

图 8-78 拍摄同框视频   图 8-79 打开拍同框功能

081 上传照片：制作图集、照片电影或长图

通过快手的上传照片功能，用户可以快速制作图集、照片电影或长图。

步骤 01 进入快手拍摄界面，点击右下角的"相册"按钮，如图 8-80 所示。

步骤 02 执行操作后，进入"相机胶卷"界面，选择多张照片，如图 8-81 所示。

步骤 03 点击"下一步"按钮，即可生成静态的照片图集，如图 8-82 所示。

图 8-80　点击"相册"按钮

图 8-81　选择多张照片

步骤 04 点击左下角的"美化"按钮，可以为照片添加美颜和滤镜效果，如图 8-83 所示。

图 8-82　生成照片图集

图 8-83　添加滤镜效果

步骤 05 点击"配乐"按钮，可以为图集添加背景音乐，同时能够调整录音和配乐的音量大小，如图 8-84 所示。

步骤 06 点击"封面"按钮，可以设置图集的封面效果，点击 按钮可以设置组合封面效果，如图 8-85 所示。

图 8-84　添加背景音乐　　　　　　图 8-85　设置组合封面效果

步骤 07 返回"图集"编辑界面，点击"下一步"按钮可以发布图集，浏览图集时观众需要用手指滑动屏幕，来切换查看其中的照片，效果如图 8-86 所示。

图 8-86　浏览图集效果

步骤 08 在上传照片后，用户可以切换至"照片电影"选项卡，一键生成动态的照片电影画面，如图 8-87 所示。

步骤 09 点击"画质增强"按钮，可以开启画质增强功能，如图 8-88 所示。

图 8-87　生成照片电影　　　　　　　　　图 8-88　开启画质增强功能

步骤 10 点击"主题"按钮，进入"电影主题"界面，用户可以在下方的菜单列表中选择合适的主题，如图 8-89 所示。

图 8-89　选择合适的电影主题

步骤 11 点击"贴纸"按钮，可以为照片电影添加动态贴纸效果，用户可以添加贴纸，并调整贴纸的持续时间，如图 8-90 所示。

步骤 12 在上传照片后，用户可以切换至"长图"选项卡，一键生成长图片效果，同时还可以进行美化处理、添加配乐和选择封面等操作，如图 8-91 所示。

图 8-90　添加动态贴纸效果　　图 8-91　一键生成长图片效果

082　时光影集：一起重温手机中的精彩瞬间

下面介绍在快手中制作时光影集的操作方法。

步骤 01 进入快手拍摄界面，点击右下角的"相册"按钮，如图 8-92 所示。

步骤 02 执行操作后，进入"相机胶卷"界面，点击"时光影集"选项右侧的 ∨ 按钮，如图 8-93 所示。

图 8-92　点击"相册"按钮　　图 8-93　点击相应按钮

步骤 03 展开"时光影集"菜单，用户可以直接点击下方的影集主题，快速选择其中的照片，也可以点击"查看全部"按钮，如图 8-94 所示。

步骤 04 进入"时光影集"界面，查看更多影集主题，如图 8-95 所示。

图 8-94　点击"查看全部"按钮　　图 8-95　进入"时光影集"界面

步骤 05 选择相应的影集主题，系统会自动加载影集中的照片，如图 8-96 所示。

步骤 06 加载完毕后，进入时光影集编辑界面，用户可以在此对素材进行美化处理，以及添加配乐、贴纸、位置和设置封面等操作，如图 8-97 所示。

图 8-96　加载影集中的照片

图 8-97　时光影集编辑界面

步骤 07 点击"片段"按钮，进入片段编辑界面，如图 8-98 所示。

步骤 08 点击相应片段，可以对片段进行剪辑处理，调整片段的持续时长，如

图 8-99 所示。

图 8-98　片段编辑界面

图 8-99　剪辑片段

步骤 09 点击"添加"按钮，可以添加多个片段，如图 8-100 所示。

步骤 10 点击✓按钮返回时光影集编辑界面，点击"下一步"按钮即可发布时光影集，如图 8-101 所示。

图 8-100　添加多个片段

图 8-101　点击"下一步"按钮

第 9 章
直播录制：让直播间人气爆棚的技巧

在短视频的带动下，直播市场回归理性，对内容、主播和技能等方面提出了更高的要求。因此，在短视频和直播的火爆环境下，相关从业者应该掌握这一大势下的变化，选择合适的直播平台来入驻，并及时掌握更多新的直播玩法和技巧。

083　开通快手直播权限的方法

快手平台开通直播功能的操作方法如下。

步骤 01 在快手 App 主页菜单中点击"设置"按钮，如图 9-1 所示。

步骤 02 进入"设置"界面，点击"开通直播"按钮，如图 9-2 所示。

图 9-1　点击"设置"按钮　　　　图 9-2　点击"开通直播"按钮

步骤 03 进入"申请直播权限"界面，显示开通快手直播需要满足的相关条件，如图 9-3 所示。用户可以按照页面的提示进行设置，满足快手直播的开放规则，即可开通快手直播功能。

图 9-3　"申请直播权限"界面

例如，申请直播权限的第一条就是绑定手机号，用户可以点击"去绑定"按钮跳转到"绑定手机号"界面，输入自己的手机号后根据提示进行操作即可，如图 9-4 所示。再例如，点击"实名认证"选项后的"去认证"按钮，用户可以根据提示来完成实名认证操作，如图 9-5 所示。

图 9-4　绑定手机号

图 9-5　实名认证操作提示

另外，用户在开通快手直播权限前，一定要仔细阅读《主播注册条款》和《快手直播规范》，了解平台的运营规则。

用户在上传本人身份证进行认证时，需要注意以下几点。
- ○ 手持身份证拍照，且照片中的人物脸部必须清晰可见。
- ○ 身份证信息清晰、完整，不能遮挡。
- ○ 确保提交的照片信息真实有效，不能做任何修改。

084　开通抖音直播权限的方法

开通抖音直播权限有下面两种方法。
(1) 粉丝数量达到 10000 人，系统会自动为你开通直播权限。
(2) 加入和抖音官方合作的工会，0 粉丝也能开通直播权限。

下面介绍开通抖音直播权限的具体操作方法。

步骤 01 进入抖音"设置"界面，点击"反馈与帮助"按钮，如图 9-6 所示。

步骤 02 进入"反馈与帮助"界面，选择"直播"相关问题，如图 9-7 所示。

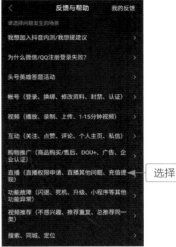

图 9-6　点击"反馈与帮助"按钮　　　　图 9-7　选择"直播"相关问题

步骤 03 进入直播相关问题界面，点击"主播开直播"按钮，如图 9-8 所示。

步骤 04 进入开通直播提示界面，即可查看开通直播的方法，有直播权限的用户即可根据提示进行操作开始直播，如图 9-9 所示。

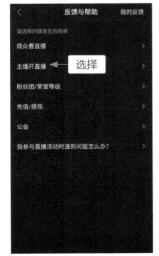

图 9-8　点击"主播开直播"按钮　　　　图 9-9　查看开通直播的方法

没有直播权限的用户可以在步骤 3 中选择加入工会，搜索工会名称后填写资料并提交，即可开通直播权限。注意，用户需要提前与工会协商后再申请入会。

085 直播需要准备的硬件设备

在抖音、快手等平台进行直播时，根据直播场景和类型的不同，用户还需要准备一些必要的硬件设备。

① 手机直播

手机直播的相关设备如下。

(1) 手机：手机的摄像头像素要高、内存要充足、性能要可靠，保证直播过程中的画面清晰、画质稳定，如华为、苹果等手机都是不错的选择。

(2) 声卡、专业麦克风：声卡用来播放直播间的背景音乐和音效，如掌声、笑声等，可以让直播间的气氛更为活跃，麦克风主要用来收录主播的声音。声卡设备推荐联想 UL20、森然播吧二代、希音 I7 等，麦克风设备推荐飞利浦 DLK38003、唱吧 G1、得胜 PH-120 等，这些设备都有不错的表现力，如图 9-10 所示。

图 9-10 麦克风设备

(3) 外置摄像头：如广角摄像头、微距摄像头、鱼眼摄像头等，能够提高画面清晰度和丰富度，让用户的直播更加出彩。

② 电脑游戏直播

对于电脑游戏直播来说，电脑直播摄像头是必不可少的装备，如罗技 C900 系列主打高清拍摄，能够记录下用户的精湛操作；再例如，蓝色妖姬 S9200 具有很好的美颜功能，能够全方位展现主播的美，如图 9-11 所示。

图 9-11 电脑直播摄像头设备

补光灯、电脑内置声卡或者外置声卡也是直播标配。其中，麦克风可以分为动圈麦克风和电容麦克风，大部分主播使用的都是电容麦克风，且特点就是音质好、声音更有层次，推荐 ISK-BM800、ISK-BM5000、得胜 PC-K550 及 ISK RM 系列等。

电脑游戏直播时，除了需要有性能合适的电脑配置，以及流畅的网络环境外，抖音直播伴侣和 OBS 软件都是用户推流的好帮手，如图 9-12 所示。另外，在电脑上进行手机游戏直播时，还需要在电脑端安装投屏软件，如苹果录屏大师、AirDroid 都是值得推荐的。

图 9-12 抖音直播伴侣和 OBS 推流软件

3 户外直播

户外直播首先要保证手机的电量充足，用户可以准备一块充电宝以备不时之需。户外直播的麦克风和声卡，推荐雅兰仕、迷你小麦克、博雅无线小蜜蜂等麦克风，以及艾肯 (icon)Cube 4nano、艾肯 (icon)Upod pro 和客所思 KX-2 究极版等声卡设备，可以帮助用户提升直播质量。

另外，手持云台也是户外直播必不可少的辅助设备，能够防止画面抖动，提升直播观感，给观众带来更好的观看体验。当然，这些直播设备仅供用户参考，用户可以根据自己的实际情况和直播场景来选购。

086　做好直播的开播模式设置

以抖音直播为例，用户可以先打开抖音 App，点击底部的 ＋ 号按钮进入拍摄界面，然后点击"开直播"按钮进入开直播界面，如图 9-13 所示。点击最上方的"开播模式"按钮，用户可以选择"视频直播"或者"游戏直播"两种直播模式，如图 9-14 所示。

图 9-13　进入开直播界面　　　　　　　　图 9-14　选择开直播模式

点击"更换封面"按钮，在弹出的菜单中可以选择"从手机相册选择"和"拍照"两种方式来更换封面，如图 9-15 所示。

若选择"拍照"选项，可以直接拍摄现场照片作为直播封面。若选择"从手机相册选择"选项，则可以进入手机相册中选择一张制作好的封面图片，通常还需要对图片进行裁剪，使其符合直播封面图的尺寸规格，如图 9-16 所示。

图 9-15 选择封面

确定封面范围后，点击"应用"按钮，即可更换直播封面，如图 9-17 所示。

图 9-16 裁剪图片

图 9-17 更换直播封面

点击标题文本框，可以更改直播标题内容，如图 9-18 所示。用户在开播前，千万不要忽视直播标题和封面的设置，漂亮的封面图片和有趣的标题文案都是吸引大家进入直播间的关键因素，同时还会影响直播间的曝光量。

抖音直播自带多种美颜功能，用户可以点击"开直播"主界面中的"美颜"

按钮调出功能菜单，如磨皮、瘦脸、大眼、小脸、瘦鼻等，如图 9-19 所示。

图 9-18　更改直播标题内容

图 9-19　直播美颜功能

　　抖音直播有多种滤镜特效，用户可以点击"开直播"主界面中的"滤镜"按钮调出功能菜单，使用滤镜能够全方位衬托主播的靓丽容颜，如图 9-20 所示。设置好开播选项后，点击"开直播"主界面中的"开始视频直播"按钮，即可正式开始直播，如图 9-21 所示。

图 9-20　"滤镜"功能

图 9-21　开始直播

087 直播功能玩法与互动技巧

以抖音直播为例，进入直播界面后，左上角是用户的主播头像和粉丝团按钮 ，点击该按钮可以邀请粉丝加入粉丝团，从而让直播间的活跃度得到快速提升，以及获得更多的粉丝团礼物，如图 9-22 所示。点击粉丝团周奖励右侧的问号按钮，可以查看粉丝团积分和奖励规则，如图 9-23 所示。

图 9-22　粉丝团管理　　　　图 9-23　查看粉丝团积分和奖励规则

在直播界面底部，点击 PK 按钮，弹出"礼物 PK"菜单，点击"随机 PK"按钮，可以与其他主播进行 PK(缘于网络游戏中的 PlayerKilling，引申发展为"对决"等含义)，如图 9-24 所示。

点击"邀请好友"按钮，可以邀请抖音好友进行连线互动，让你成为

图 9-24　"随机 PK"互动模式

直播间人气最旺的主播，如图 9-25 所示。在"礼物 PK"菜单中点击 ◎ 按钮，可以设置邀请列表的"限时"时间，以及开启相关的邀请权限，如图 9-26 所示。

图 9-25　邀请抖音好友　　　　　　　　图 9-26　邀请列表设置

点击 按钮，在弹出的游戏菜单中点击"礼物投票"按钮即可发起"礼物投票"，快速"炒热"直播间的氛围，如图 9-27 所示。点击右上角的问号按钮，显示"规则说明"，用户可以在此查看具体的玩法，如图 9-28 所示。

在游戏菜单中点击"游戏"按钮，还可以在直播的同时玩

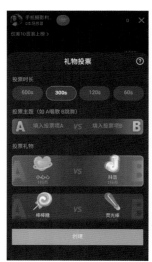

图 9-27　发起"礼物投票"　　　　　　图 9-28　查看具体玩法

有趣的在线互动游戏，如图 9-29 所示。在直播主界面中点击 按钮，弹出调整菜单，用户可以实时调整美颜和滤镜效果，选择各种个性化的头饰、手势魔法和装扮贴纸效果，同时还可以切换镜头、开启镜像，以及管理和分享自己的直播间，如图 9-30 所示。

图 9-29　在线互动游戏

图 9-30　直播调整菜单

　　点击直播主界面右下角的礼物按钮，可以使用更有趣的礼物互动玩法，调动粉丝送礼的积极性，增加自己的直播收入，如图 9-31 所示。

　　点击直播主界面右上角的 X 按钮，即可结束直播，同时还会显示相关的总结数据，包括直播时长、收获音浪、送礼人数、观众总数、新增粉丝等，如图 9-32 所示。用户可以对数据进行分析，为下一次直播做优化调整提供有力依据，让你的直播变得更加精彩。

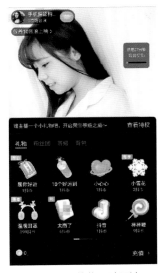

图 9-31　礼物互动玩法

图 9-32　查看本场直播数据

专家提醒

快手直播的互动玩法也非常丰富，具体内容如下。

(1) 直播 K 歌：点击直播间左下角的“音乐”按钮进入曲库，选择想要唱的歌曲，即可开始 K 歌。

(2) 猜口令：点击直播间右下角的“猜口令”按钮，按照页面提示操作，即可发起猜口令。

(3) 心愿单：这是“快手直播伴侣”的互动功能，主播可以在直播间展示“心愿单”，自动计算观众的礼物数量。

(4) 直播连麦对战：包括“随机匹配”“同城对战”“才艺对战”和“邀请好友”等多种直播“连麦对战”互动玩法。

(5)“穿云箭”红包：当主播收到“穿云箭”礼物道具时，直播间会自动生成一个红包，直播间内的观众可以在倒计时内抢这个红包，能够给主播带来更多的人气。“穿云箭”红包内包含 288“快币”，费用由主播和平台分别承担一半。

088 了解平台规范提升直播效果

所有直播平台都在提倡“绿色直播”，因此主播一定要关注各个平台的直播规范，与平台一起共同维护绿色、健康的网络生态环境。例如，在抖音“开直播”界面中，用户可以点击《抖音主播入驻协议》，查看具体的规范内容，如图 9-33 所示。当用户开始直播后，即默认已阅读并同意该协议内容。

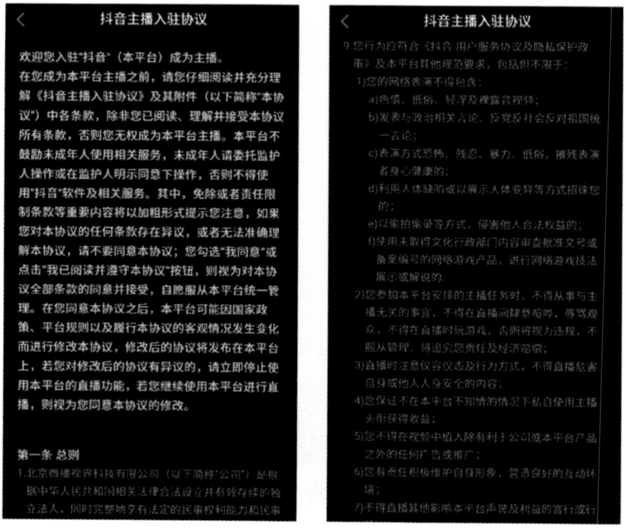

抖音主播入驻协议

欢迎您入驻"抖音"（本平台）成为主播。
在您成为本平台主播之前，请您仔细阅读并充分理解《抖音主播入驻协议》及其附件（以下简称"本协议"）中各条款，除非您已阅读、理解并接受本协议所有条款，否则您无权成为本平台主播。本平台不鼓励未成年人使用相关服务，未成年人请委托监护人操作或在监护人明示同意下操作，否则不得使用"抖音"软件及相关服务。其中，免除或者责任限制条款等重要内容将以加粗形式提示您注意，如果您对本协议的任何条款存在异议，或者无法准确理解本协议，请不要同意本协议；您勾选"我同意"或点击"我已阅读并遵守本协议"按钮，则视为对本协议全部条款的同意并接受，自愿服从本平台统一管理。在您同意本协议之后，本平台可能因国家政策、平台规则以及履行本协议的客观情况发生变化而进行修改本协议，修改后的协议将发布在本平台上，若您对修改后的协议有异议的，请立即停止使用本平台的直播功能，若您继续使用本平台进行直播，则视为您同意本协议的修改。

第一条 总则

1.北京微播视界科技有限公司（以下简称"公司"）是根据中华人民共和国相关法律合法设立并有效存续的独立法人，同时完整地享有法定的民事权利能力和民事

抖音主播入驻协议

9.您行为应符合《抖音用户服务协议及隐私保护政策》及本平台其他规范要求，包括但不限于：
1)您的网络表演不得包含：
a)色情、低俗、轻浮及裸露音视频；
b)发表与政治相关言论、反党反社会反对祖国统一言论；
c)表演方式恐怖、残忍、暴力、低俗，摧残表演者身心健康的；
d)利用人体缺陷或以展示人体变异等方式招徕您的；
e)以偷拍偷录等方式，侵害他人合法权益的；
f)使用未取得文化行政部门内容审查批准文号或备案编号的网络游戏产品，进行网络游戏技法展示或解说的。
2)您参加本平台安排的主播任务时，不得从事与主播无关的事宜，不得在直播间肆意喧哗，辱骂观众，不得在直播时玩游戏，否则将视为违规，不服从管理，将追究您责任及经济赔偿；
3)直播时注意仪容仪态及行为方式，不得直播危害自身或他人人身安全的内容；
4)您保证不在本平台不知情的情况下私自使用主播头衔获得收益；
5)您不得在视频中植入除有利于公司或本平台产品之外的任何广告或推广；
6)您有责任积极维护自身形象，营造良好的互动环境；
7)不得直播其他影响本平台声誉及利益的言行或行

图 9-33 《抖音主播入驻协议》中的部分规则

在快手直播时，主播也需要遵循《快手直播规范》中的相关规则，给观众带来健康向上的直播内容，如图 9-34 所示。针对违反规则的主播，平台会根据违规情况给予永久封禁直播或账号、冻结礼物收益、停止当前直播、警告等不同程度的处罚。

一般违规行为（C 类违规）

违反 C 类规定的用户，将被予以警告；若不改正，再次警告将停止当前直播，若仍然不改正，将停止当前直播并封禁播 1 天。情节严重的将延长停播时间。

一般违规行为是指除严重违规行为和中度违规行为外，其他扰乱直播平台秩序的违规行为，包括但不限于：

1、直播中出现抽烟、喝酒等不健康行为；

2、直播中进行各类广告宣传、恶意发布广告的行为；

3、直播中播放一切无版权内容，包括但不仅限于影视、游戏、体育赛事、演唱会等；

4、直播标题及封面中出现低俗、诱导性文字及不雅封面截取点击；

5、直播中出现着装不雅的行为，包括但不限于赤膊、穿着暴露、纹身、特殊部位非正常拍摄等；

三、其他声明

本规范由快手制定并发布。为了打造绿色健康的直播平台，快手可能在必要时对本规范进行修订，修订后的规范将在快手直播平台以公示形式告知用户。如用户不同意相关变更，可以停止使用快手直播平台相关服务，并可通过公示的方式联系快手注销账号；如继续登录或使用即表示用户已接受修订后的规范。

图 9-34　《快手直播规范》中的部分规则

089　快速获得高人气的直播技巧

下面笔者总结了一些让主播直播间人气暴涨的技巧，如图 9-35 所示。

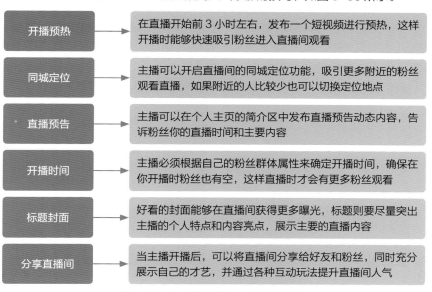

图 9-35　让主播直播间人气暴涨的技巧

另外，主播也可以积极参与平台推出的直播活动，赢取更多曝光机会和流量资源。如图 9-36 所示，为抖音推出的直播活动。

图 9-36　抖音推出的直播活动

090　轻松提升直播间收益的技巧

直播变现是很多主播都梦寐以求的，下面笔者根据抖音和快手平台的变现方式，总结了一些提升直播间收益的技巧。

（1）主播任务。在抖音直播界面中，主播可以点击右上角的"主播任务"按钮，查看当前可以做的任务，包括直播要求、奖励和进度，点击任务还可以查看具体的任务说明，如图 9-37 所示。

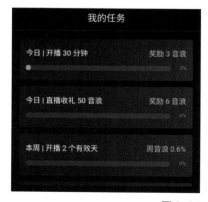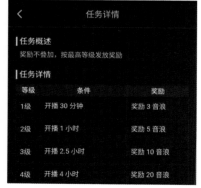

图 9-37　主播任务

（2）礼物收益。在直播时，喜欢主播的观众会给她送出各种礼物道具，此时一定要对粉丝表达感谢之情。主播可以通过活动来提升直播间热度氛围，收获更多的粉丝礼物，同时还可以冲进比赛排名，得到更高的礼物收入。

（3）电商收益。主播可以在直播的同时卖货，做电商直播来赚取佣金收入。例如，在抖音直播中，主播可以点击■按钮来添加直播商品，如图 9-38 所示。

图 9-38　添加直播商品

第 10 章

镜头运动：Vlog 大神们的运镜手法

学前提示

在拍摄短视频时，用户同样需要在镜头的角度、景别和运动方式等方面下功夫，掌握这些 Vlog 大神们常用的运镜手法，能够帮助用户更好地突出视频的主体和主题，让观众的视线集中在你要表达的对象上，同时让短视频作品更加生动，更有画面感。

091　镜头拍摄：了解固定镜头、运动镜头

　　镜头拍摄包括两种常用方式，分别为固定镜头和运动镜头。固定镜头就是指在拍摄短视频时，镜头的机位、光轴和焦距等都保持固定不变，适合拍摄主体有运动变化的对象，如延时视频、车水马龙、日出日落等画面，如图 10-1 所示。

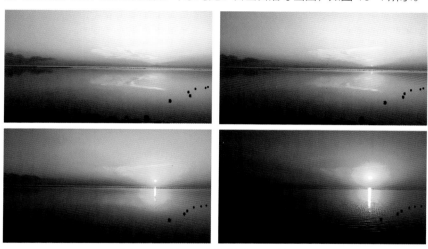

图 10-1　使用固定镜头拍摄的日落场景

　　运动镜头则是指在拍摄的同时会不断调整镜头的位置和角度，也可以称之为移动镜头。因此，在拍摄形式上，运动镜头要比固定镜头更加多样化，常见的运动镜头包括推拉运镜、横移运镜、跟随运镜、升降运镜、环绕运镜、变焦运镜等。

　　用户在拍摄短视频时可以熟练使用这些运镜方式，更好地突出画面细节、表达主题内容，从而吸引更多用户关注你的作品。

　　专家提醒　　运镜的基础是稳定，不管用户使用的是手机，还是相机或者摄像机，在拍摄时保持器材的稳定是获得优质画面的基础。建议用户在采用运镜手法拍摄短视频时，尽量用云台稳定器来固定拍摄设备，从而避免画面抖动。

092　镜头角度：平角、斜角、仰角、俯角

　　在使用运镜手法拍摄短视频前，用户首先要掌握各种镜头角度，如平角、斜

角、仰角和俯角等，熟悉角度后能够让你在运镜时更加得心应手。

（1）平角：即镜头与拍摄主体保持水平方向的一致，镜头光轴与对象（中心点）齐高，能够更客观地展现拍摄对象的原貌，如图 10-2 所示。

（2）斜角：即在拍摄时将镜头倾斜一定的角度，从而产生一定透视变形的画面失调感，能够让视频画面显得更加立体，如图 10-3 所示。

图 10-2　平角镜头画面

图 10-3　斜角镜头画面

（3）仰角：即采用低角度仰视的拍摄角度，能够让拍摄对象显得更加高大，如图 10-4 所示。

（4）俯角：即采用高角度俯视的拍摄角度，可以让拍摄对象看上去更加弱小，适合拍摄美食、花卉等短视频题材，能够充分展示主体的细节，如图 10-5 所示。俯拍构图因其角度的不同，又可以分为 30°俯拍、45°俯拍、60°俯拍、90°俯拍，俯拍的角度不一样，拍摄出来的视频带来的感受也是有很大的区别的。

图 10-4　仰角镜头画面

图 10-5　俯角镜头画面

093　镜头景别：特写、近景、中景、远景

　　镜头景别是指镜头与拍摄对象的距离，通常包括特写、近景、中景、全景和远景等几大类型。下面以人物短视频拍摄为例，介绍镜头景别的拍摄技巧。

　　(1) 特写：着重刻画人物的眼睛、嘴巴、手部等细节之处，如图 10-6 所示。很多热门 Vlog 类短视频都是以剧情创作为主，而特写镜头就是一种推动剧情更好发展的拍摄方式。

图 10-6　特写镜头画面（右图）

　　(2) 近景：近景是指拍摄人物胸部到头部的位置，可以更好地展现人物面部的情绪，包括表情和神态等细微动作，如低头微笑、仰天痛哭、眉头微皱、惊愕诧异等，从而渲染出短视频的情感氛围，如图 10-7 所示。

图 10-7　近景镜头画面

（3）中景：从人物的膝盖部分向上至头顶，不但可以充分展现人物的面部表情，同时还可以兼顾人物的手部动作，如图 10-8 所示。

图 10-8　中景镜头画面

（4）远景：能够将人物的整个身体完全拍摄出来，包括手部和脚部的肢体动作，还可以用来表现多个人物的关系，如图 10-9 所示。

图 10-9　远景镜头画面

094　推拉运镜："推"突出主体，"拉"交代环境效果

推拉运镜是短视频中最为常见的运镜方式，通俗来说就是一种"放大画面"或"缩小画面"的表现形式，如图 10-10 所示。

❶ "推"镜头

"推"镜头是指从较大的景别将镜头推向较小的景别，如从远景推至近景，从而突出用户要表达的细节，将这个细节之处从镜头中凸显出来，让观众注意到。

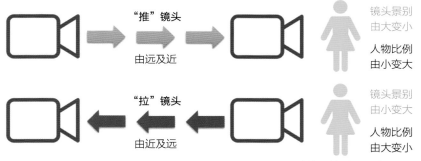

图 10-10 推拉运镜的操作方法

如图 10-11 所示，拍摄时先将手机镜头放在离人物稍远的位置，然后逐渐靠近人物，而人物在镜头中的比例则逐渐放大，从而更好地突出主体对象，将观众的视线聚集到人物主体上，也非常符合人们看事物的观察习惯。

图 10-11 "推"镜头拍摄的视频效果

2 "拉"镜头

"拉"镜头的运镜方向与"推"镜头正好相反，先用特写或近景等景别，将镜头靠近主体拍摄，然后再向远处逐渐拉出，拍摄远景画面，如图 10-12 所示。

(1) 适用场景：剧情类短视频的结尾，以及强调主体所在的环境。

(2) 主要作用：可以更好地渲染短视频的画面气氛。

图 10-12 "拉"镜头拍摄的视频效果

095 横移运镜：打破画面局限，产生跟随视觉效果

横移运镜是指拍摄时镜头按照一定的水平方向移动，与推拉运镜向前后方向上的镜头运动的不同之处在于，横移运镜是将镜头向左右方向运动，如图 10-13 所示。横移运镜通常用于剧中的情节，如人物在沿直线方向走动时，镜头也跟着横向移动，更好地展现出空间关系，而且能够扩大画面的空间感。

横移运镜

水平移动方向

镜头景别固定不变
人物比例固定不变

被摄对象走动方向

图 10-13 横移运镜的操作方法

在使用横移运镜拍摄短视频时，用户可以借助摄影滑轨设备，来保持手机或相机的镜头在移动拍摄过程中的稳定性，如图 10-14 所示。

图 10-14　摄影滑轨设备

096 **摇移运镜：描述空间，产生身临其境的视觉感**

摇移运镜是指保持机位不变，朝着不同的方向转动镜头。摇移运镜的镜头运动方向可分为上下摇动、左右摇动、斜方向摇动和旋转摇动，如图 10-15 所示。

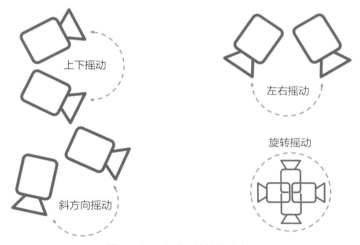

图 10-15　摇移运镜的操作方法

摇移运镜就像是一个人站着不动，然后转动头部或身体，用眼睛向四周观看身边的环境。用户在使用摇移运镜拍摄短视频时，可以借助手持云台稳定器更加方便、稳定地调整镜头方向，如图 10-16 所示。

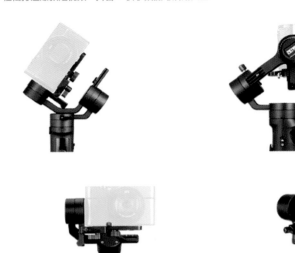

图 10-16　借助手持云台稳定器朝不同角度变动镜头方向

　　摇移运镜通过灵活变动拍摄角度，能够充分地展示主体所处的环境特征，可以让观众在观看短视频时能够产生身临其境的视觉体验感。如图 10-17 所示，拍摄时手机位置不变，镜头则跟随电梯向上方移动，画面形成了强烈的空间透视感。

图 10-17　摇移运镜拍摄示例

097 甩动运镜：表现变化性事物，产生极强冲击力

　　甩动运镜跟摇移运镜的操作方法比较类似，只是速度比较快，是用的"甩"这个动作，而不是慢慢地摇镜头。甩动运镜通常运用于两个镜头切换时的画面，在第一个镜头即将结束时，通过向另一个方向甩动镜头，来让镜头切换的过渡画面产生模糊感，然后马上换到另一个镜头场景拍摄，如图 10-18 所示。

图 10-18 甩动运镜拍摄示例

　　专家提醒 甩动运镜可以营造出镜头跟随人物眼球快速移动的画面场景，能够表现出一种极速的爆发力和冲击力，展现出事物、时间和空间变化的突然性，让观众产生一种紧迫感的心理。

098 跟随运镜：强调画面，产生强烈的空间穿越感

　　跟随运镜跟前面介绍的横移运镜比较类似，只是在方向上更为灵活多变，拍摄时可以始终跟随人物前进，让主角一直处于镜头中，从而产生强烈的空间穿越感，如图 10-19 所示。跟随运镜适用于拍摄采访类、纪录片、宠物类等 Vlog 短

视频题材，能够很好地强调内容主题。

使用跟随运镜拍摄短视频时，需要注意以下事项。

○ 镜头与人物之间的距离始终保持一致。

○ 重点拍摄人物的面部表情和肢体动作的变化。

○ 跟随的路径可以是直线，也可以是曲线。

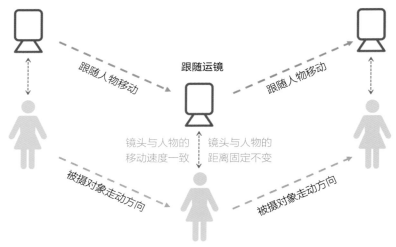

图 10-19 跟随运镜的操作方法

099 升降运镜：表现高大物体的细节，产生高度感

升降运镜是指镜头的机位朝上下方向运动，从不同方向的视点来拍摄要表达的场景，如图 10-20 所示。

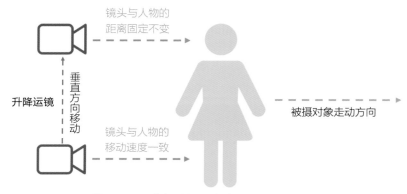

图 10-20 升降运镜（垂直升降）的操作方法

升降运镜适合拍摄气势宏伟的建筑物、高大的树木、雄伟壮观的高山和展示人物的局部细节。使用升降运镜拍摄短视频时，需要注意以下事项。

- 拍摄时可以切换不同的角度和方位来移动镜头，如垂直上下移动、上下弧线移动、上下斜向移动和不规则地升降方向。
- 在画面中可以纳入一些前景元素，从而体现出空间的纵深感，让观众感觉主体更加高大。

100 环绕运镜：巡视被摄对象，打造出三维空间感

环绕运镜即镜头绕着对象 360° 环拍，操作难度比较大，在拍摄时旋转的半径和速度都需要保持一致，如图 10-21 所示。

环绕运镜可以拍摄出对象周围 360° 的环境和空间特点，同时还可以配合其他运镜方式，来增强画面的视觉冲击力。

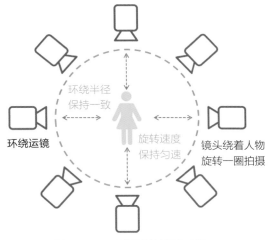

图 10-21 环绕运镜的操作方法

如果人物在拍摄时处于移动状态，则环绕运镜的操作难度会更大，用户可以借助一些手持稳定器设备来固定镜头，让旋转过程更为平滑、稳定。

101 移动变焦：希区柯克式变焦，营造出动态效果

移动变焦就是我们常说的希区柯克变焦，也被称为运动变焦，是运用在电影拍摄中的一种常见镜头形式。这种拍摄技术是在 1958 年希区柯克导演的一部电

影中实现的，所以移动变焦也称希区柯克变焦。

希区柯克的拍摄原理，就是利用了视角透视原理，如被摄主体的大小和位置不动，但背景中的元素都在不断后退，或者也可以进行反向操作，营造出动态效果，如图 10-22 所示。

背景中的山峰和天空的面积大小，以及地平线的位置，在画面中保持不变

随着镜头的移动，前景的雕塑主体元素不断向后推移，越来越小

图 10-22　希区柯克变焦原理说明

移动变焦运镜拍摄方式一般都在一些恐怖、惊悚、悬疑的电影画面中出现，这样拍摄出来的效果很有视觉冲击力。

专家提醒

　　用户在使用移动变焦运镜拍摄时，镜头在移动时尽量慢一点，让镜头稳定地向前或向后移动，这样可以防止拍摄出来的视频有抖动，影响拍摄效果。

102　低角度运镜：模拟宠物视角，拍出强烈空间感

　　低角度运镜有点类似于用宠物的眼睛来观察事物，即将镜头贴近地面拍摄，这种低角度的视角可以带来强烈的纵深感、空间感，如图 10-23 所示。

图 10-23　低角度运镜拍摄效果

往事如烟

第 11 章

特效玩法：打造技术流酷炫短视频

学前提示

　　在抖音或快手 App 中，用户拍完短视频的内容后，可以直接选择很多不同类型的特效，如梦幻、自然、分屏、转场、时间、画面、动感、装饰等，能够让短视频更加酷炫、精彩，而且好的特效还能够让作品的点赞量迅速破万。

103 抖音"梦幻"特效：快速提高作品质量

下面介绍添加抖音"梦幻"特效的操作方法。

步骤 01 在抖音拍摄或上传视频后，进入剪辑界面，点击"下一步"按钮，如图 11-1 所示。

步骤 02 进入短视频编辑界面，点击"特效"按钮，如图 11-2 所示。

步骤 03 执行操作后，进入特效编辑界面，默认为"梦幻"特效，如图 11-3 所示。

图 11-1 点击"下一步"按钮　　图 11-2 点击"特效"按钮

步骤 04 在"梦幻"特效列表中选择并按住"霓虹"特效，视频会自动开始播放并应用该特效，达到结束位置后松开手指即可，如图 11-4 所示。

图 11-3 进入特效编辑界面　　图 11-4 添加"霓虹"特效

步骤 **05** 使用同样的操作方法，继续在短视频的不同时间处添加"爱心光斑"和"撒金粉"特效，如图 11-5 所示。

图 11-5 添加其他多个特效

步骤 **06** 特效添加完后，点击"保存"按钮即可应用多个特效，导出并发布短视频，预览视频特效，如图 11-6 所示。

图 11-6 预览视频特效

104 抖音"自然"特效：轻松模拟气象效果

抖音"自然"特效主要是模拟各种自然气象效果，如星星、下雪、彩虹光斑、大雨、星光、飘花瓣、波纹、蝴蝶和下雨等，如图 11-7 所示。

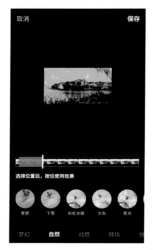

图 11-7　添加"自然"特效

"自然"特效可以帮助用户在没有该天气条件的情况下，也能模拟出想要的天气效果，更好地表达作品的主题或情感。如图 11-8 所示，为应用"自然"特效的短视频效果。

图 11-8　应用"自然"特效的短视频效果

105 抖音"动感"特效：让短视频瞬间带感

抖音"动感"特效都是一些非常酷炫的效果类型，如"灵魂出窍"、抖动、幻觉、迷离、摇摆、闪屏、炫彩、毛刺、缩放、闪白、老电视、窗格等，可以帮助用户轻松做出"技术流"大片效果，如图 11-9 所示。

图 11-9 添加"动感"特效

如图 11-10 所示，为应用抖音"动感"特效的短视频效果。

图 11-10 应用"动感"特效的短视频效果

106 抖音"转场"特效：增强短视频冲击力

转场特效会直接影响整个短视频的质量，合适的转场能够帮助用户提升作品质量，让短视频更具冲击力。抖音"转场"特效包括光斑模糊变清晰、开场、缩放转场、倒计时、电视开机／关机、横滑、卷动、横线、竖线、旋转、圆环等效果，如图 11-11 所示。在添加"转场"特效时，用户需要先将时间轴拖曳至两个镜头画面的相交处，然后再选择相应的转场效果。

如图 11-12 所示，为应用"转场"特效的短视频效果，可以让不同镜头画面之间的切换过渡更加自然。

图 11-11 添加"转场"特效

图 11-12 应用"转场"特效的短视频效果

107　抖音"分屏"特效：让你的视频更有料

　　抖音"分屏"特效可以帮助用户一键生成分屏视频排版效果，包括模糊分屏、黑白三屏、两屏、三屏、四屏、六屏、九屏等，如图 11-13 所示。

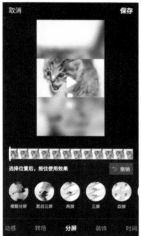

图 11-13　添加"分屏"特效

　　如图 11-14 所示，为应用抖音"分屏"特效的短视频效果，可以让短视频作品显得更为高级，画面更有美感。

图 11-14　应用"分屏"特效的短视频效果

108 抖音"装饰"特效：为短视频角色加分

抖音"装饰"特效主要针对人物形象效果进行改变和调整，用户给人物角色增加如蝴蝶结、发带、帽子、眼妆和各种搞笑的头套等装饰道具，可以让短视频的内容元素更加丰富、有趣，同时还可以遮挡人物的瑕疵，如图 11-15 所示。

图 11-15 添加"装饰"特效

如图 11-16 所示，为应用抖音"装饰"特效的短视频效果。

图 11-16 应用"装饰"特效的短视频效果

109　抖音"时间"特效：让短视频更加有趣

抖音"时间"特效只有时光倒流、闪一下、慢动作 3 个，如图 11-17 所示，但这些都是比较经典的短视频特效，不仅可以让短视频作品更加有趣，而且还能够给观众带来绝佳的视觉体验。

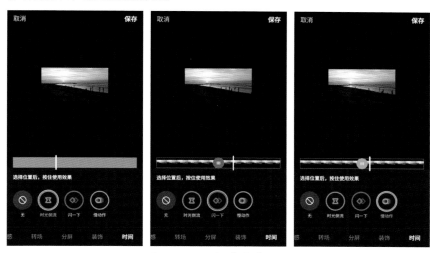

图 11-17　添加"时间"特效

如图 11-18 所示，为抖音"时间"特效中的"时光倒流"效果。

图 11-18　应用"时间"特效的短视频效果

110 快手"画面"特效：节奏欢快动感十足

快手"画面"特效都是一些比较动感十足的视频效果，如动感光波、"鬼影"、冲击波、放射、反色、信号抖动、缩放等。下面介绍添加该特效的操作方法。

步骤 01 在快手拍摄或上传视频后，进入剪辑界面，点击"下一步"按钮，如图 11-19 所示。

步骤 02 进入短视频编辑界面，点击"特效"按钮，如图 11-20 所示。

图 11-19 点击"下一步"按钮　　图 11-20 点击"特效"按钮

步骤 03 执行操作后，进入特效编辑界面，默认为"画面"特效，如图 11-21 所示。

步骤 04 在"画面"特效列表中选择并按住"动感光波"特效，视频会自动开始播放并应用该特效，达到结束位置后松开手指即可，如图 11-22 所示。

图 11-21 进入特效编辑界面　　图 11-22 添加"动感光波"特效

步骤 05 使用同样的操作方法，继续在短视频的不同时间处添加"放射"和"节奏分格"特效，如图 11-23 和图 11-24 所示。

图 11-23 添加"放射"特效　　　　图 11-24 添加"节奏分格"特效

步骤 06 特效添加完后，点击右下角的 ✓ 按钮即可应用多个特效，导出并发布短视频，预览"画面"视频特效，如图 11-25 所示。

图 11-25 预览"画面"视频特效

111 快手"分屏"特效：脑洞大开更有创意

快手"分屏"特效与抖音比较类似，除了两屏、三屏、六屏、九屏等基本分屏特效外，还多了一些镜像分屏特效，如左右镜像、上下镜像、四格镜像和对角镜像等，可以轻松拍摄出更有创意的短视频画面效果，如图 11-26 所示。

图 11-26 添加"分屏"特效

如图 11-27 所示，为应用快手"分屏"特效的短视频效果。

图 11-27 应用"分屏"特效的短视频效果

112　快手"时间"特效：让你的视频与众不同

快手"时间"特效包括慢动作、反复和逆转时光 3 种类型，如图 11-28 所示。

使用慢动作和反复特效时，用户还可以自由调整特效的持续时间和位置。使用逆转时光特效时，画面会自动从原视频的结尾处开始播放，至开始处结束。

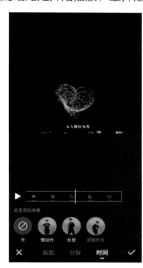

图 11-28　添加"时间"特效

如图 11-29 所示，为应用快手"时间"特效中的"逆转时光"效果。

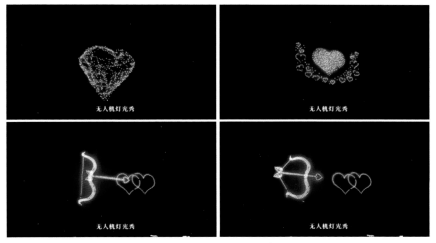

图 11-29　应用"逆转时光"效果

第 12 章

道具玩法：学会你也能变身为网红

学前提示

抖音、快手等短视频平台中都有非常丰富的创意道具，不仅能够帮助大家拍出有趣的短视频作品，而且还可以吸引亿级用户模仿，同时用户还可以自己创作道具来参加平台活动，获得更多的曝光和收益。

113 抖音魔法道具：酷炫的短视频玩法

用户可以关注“抖音魔法道具”抖音号，查看近期的热门道具，同时会显示该道具被多少个用户使用，如图 12-1 所示。

图 12-1　“抖音魔法道具”抖音号

用户可以点击道具进入详情页面，可以查看该道具的使用人数和相关作品，然后点击底部的“拍同款”按钮快速拍摄短视频。另外，用户也可以直接点击道具右侧的按钮来使用该道具拍摄短视频。下面笔者展示一些热门抖音魔法道具的拍摄效果，如图 12-2 所示。

好运检测 (252.4 万人使用)　追踪你的脸 (564.4 万人使用)　烟雾 (252.4 万人使用)

图 12-2　抖音热门魔法道具

2020 简笔小猫 (275.3 万人使用)　2020 城市烟花 (1131.9 万人使用)　初冬 (848.8 万人使用)

飘雪 (936.4 万人使用)　　　超白滤镜 (564.4 万人使用)　　录像 VCR(374.5 万人使用)

图 12-2　抖音热门魔法道具 (续)

114　热门话题道具：获取亿级的播放量

在"抖音魔法道具"抖音号中，可以看到很多播放次数达到亿级的话题挑战赛，用户也可以选择一些适合自己的话题来参与，使用其中的道具拍摄短视频，借助热门话题的流量来提升自己的作品播放量。

在"抖音魔法道具"主页中的"发起的话题"列表中选择相应话题，进入话题详情页面，可以查看话题简介和相关作品，点击底部的"参与"按钮即可拍摄同款道具，相关拍摄效果如图 12-3 所示。

\# 圣诞奇幻之夜

（50.6 亿次播放）

\#1988 放映厅

（47.1 亿次播放）

\# 浪漫桃花多多开

（18.7 亿次播放）

\# 天外飞仙漫步云间

（11.3 亿次播放）

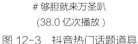

\# 够胆就来万圣趴

（38.0 亿次播放）

\# 迎风摇曳小雏菊

（48.5 亿次播放）

图 12-3　抖音热门话题道具

稍等一下马上惊艳

（50.9 亿次播放）

别想和我比发型

（29.0 亿次播放）

谁用谁美变妆术

（36.8 亿次播放）

解锁人脸运镜术

（118.2 亿次播放）

吹散云雾现真容

（153.5 亿次播放）

那些年错过的校服

（30.9 亿次播放）

图 12-3　抖音热门话题道具（续）

115　抖音装饰道具：让人物角色更生动

装饰道具主要对人物角色起到装饰作用，可以改变人物的装饰造型和五官身材等形象，让视频中的人物角色变得更加好看、有趣，如图 12-4 所示。

图 12-4　抖音装饰道具

116　抖音新奇道具：创意道具百玩不厌

新奇道具主要是一些新鲜特别的魔法道具，如好运检测、镭射眼、"多重分身""控雨"、AR 恐龙、极速连拍、动态光影等，如图 12-5 所示。

图 12-5　抖音新奇道具

117　抖音搞笑道具：搞怪搞笑一步到位

　　搞笑道具自带搞笑、搞怪属性，能够快速提升短视频的趣味性，如变瘦、变发型、五官跳动、面膜、瞪眼挑战、变胖、双手控脸、"我好方"和各种有趣的面具等，如图 12-6 所示。

图 12-6　抖音搞笑道具

118　抖音滤镜道具：美颜"黑科技"

　　滤镜道具除了具有滤镜的美颜功能外，还可以让画面效果更丰富，如双重曝光、胶片电影、流光、杂志穿越、多彩世界、模糊清晰、红蓝闪屏等，如图 12-7 所示。

图 12-7　抖音滤镜道具

119 抖音原创道具：更多流量曝光资源

原创道具主要是一些用户自制的道具，类型丰富，玩法多样，能够获得更多流量曝光资源，如雪花、浪费粉光、测颜值、泪痕、流泪妆、我是 DJ、战斗力检测、屏幕雨滴、智商测试、花瓣飞舞、璀璨星云、指尖花语、放烟花及"御剑术"等，如图 12-8 所示。

图 12-8 抖音原创道具

120 快手氛围道具：获得更多粉丝关注

氛围道具可以营造一些特殊的氛围效果，增强短视频的画面感，使其更加符合拍摄者的心境，如逆光、霓虹线条、小寒、许愿烟花、圣诞花环、年华、两年变化、柔光粉、粉色秋天、油画少女等，如图 12-9 所示。

图 12-9 快手氛围道具

121 快手美萌道具：美丽容颜触手可得

快手美萌道具主要是针对人物的美颜处理和一些萌系装饰物，如闪闪兔、可爱气泡、星星发夹、动物边框、可爱线条、公主皇冠等，如图 12-10 所示。

图 12-10　快手美萌道具

122 快手美妆道具：让人物的颜值翻倍

美妆道具主要是针对人物的妆容处理，可以让拍摄的人物更加美丽动人，如仿真睫毛、小鹿妆、天使眼妆、圣诞眼妆、落泪妆、男孩妆等，如图 12-11 所示。

图 12-11　快手美妆道具

123　快手萌面道具：生成有趣卡通形象

　　萌面道具可以让拍摄的人物变成各种有趣的动物或卡通形象，如老虎头、哈士奇、猪头、猫咪、银发兔耳、猫耳女、眼镜男孩、阳光男孩等，对于那些缺乏自信、害怕真人出镜的用户来说，这种道具可以帮你打破尴尬的局面，如图 12-12 所示。

图 12-12　快手萌面道具

124　快手配饰道具：让时尚感顿时飙升

　　配饰道具可以给拍摄的人物添加一些帽子、眼镜等穿戴配饰物品，给人物更多点赞，如开年发卡、蝴蝶头饰、粉色京剧、毛绒耳罩、跨年眼镜等，如图 12-13 所示。

图 12-13　快手配饰道具

125　快手搞怪道具：滑稽有趣笑点更多

搞怪道具主要通过一些恶搞人物造型，来增加短视频的笑点，让观众忍俊不禁，从而给作品带来更多点赞和转发，如张嘴大头、不稳定美颜、分身特效、大眼眼镜、令人头秃、卸妆镜、小丑、大金牙、微笑大头、憨厚脸等，如图 12-14 所示。

图 12-14　快手搞怪道具

126　快手魔音道具：酷炫动感带动模仿

魔音道具是一系列带有音乐特效的道具，能够让人物配合音乐来完成短视频的拍摄，很容易引发大家模仿跟拍，如音符挑战、星星舞、学猫叫等，如图 12-15 所示。

图 12-15　快手魔音道具

127　快手AR道具：获得人工智能加持

在快手中选择AR（Augmented Reality，增强现实技术）道具后，用户通过相机拍摄时能够直接生成各种AR虚拟形象，如圣诞树、涂鸦画笔、哥斯拉、汤姆猫、小黄鸭、隐形人、爆竹、地面开花等，这些虚拟形象非常生动逼真，趣味十足，如图12-16所示。

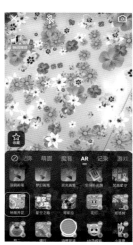

图 12-16　快手 AR 道具

128　快手游戏道具：边拍边玩轻松吸粉

游戏道具不仅可以模拟各种经典游戏场景，还可以增加短视频的互动性，活跃气氛，促使观众主动分享传播你的短视频作品，如图12-17所示。

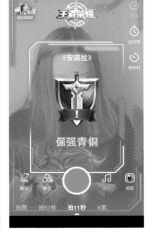

图 12-17　快手游戏道具

一双恋人的眼睛

你的身影

第 13 章

字幕玩法：快速搞定视频文字特效

学前提示

我们在抖音或快手上刷短视频的时候，常常可以看到很多短视频中都添加了字幕效果，或用于歌词，或用于语音解说，能够让观众在 15 秒内看到、看懂更多视频内容，同时这些文字还有助于观众记住拍摄者要表达的信息，吸引他们点赞和关注。

129　使用抖音App添加短视频文字

在使用抖音 App 拍摄短视频时，用户可以直接在拍好的短视频上面添加文字，下面介绍具体的操作方法。

步骤 01　在抖音中拍摄或者导入一个短视频，点击底部的"文字"按钮，如图 13-1 所示。

步骤 02　执行操作后，进入文字编辑界面，输入相应的文字内容，如图 13-2 所示。

步骤 03　在下方有一些系统默认的字体格式，如点击"霓虹"按钮，即可为文字应用该字体，效果如图 13-3 所示。

步骤 04　点击不同的颜色图标，可以快速修改文字的颜色，同时还可以点击 ≣ 按钮更改文字排列方式，如图 13-4 所示。

步骤 05　点击右上角的"完成"按钮，即可添加文字，如图 13-5 所示。

步骤 06　按住文字元素向下拖曳，即可调整文字的位置，

图 13-1　点击"文字"按钮

图 13-2　输入文字内容

图 13-3　更改字体

图 13-4　更改颜色

点击文字还可以调出编辑菜单，如图 13-6 所示。

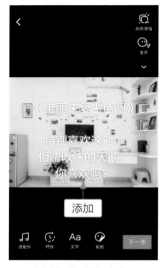

图 13-5　添加文字

图 13-6　调整文字的位置

步骤 07 选择"设置时长"选项，进入"时长设置"界面，在此可以剪辑文字素材，调整文字的持续时间，如图 13-7 所示。

步骤 08 点击右下角的✔按钮确认修改，发布视频，即可预览文字效果，如图 13-8 所示。

图 13-7　设置时长

图 13-8　预览文字效果

130　使用快手App添加短视频文字

　　用户可以在快手 App 的视频录制或者作品编辑界面，点击"文字"按钮，选择合适的文字气泡，输入想要搭配的文字，即可给快手短视频作品添加文字效果，下面介绍具体的操作方法。

步骤 01 录制好视频后，在编辑界面点击底部的"文字"按钮，如图 13-9 所示。

步骤 02 执行操作后，进入"文字"编辑界面，在下方选择相应的文字模板，如图 13-10 所示。

步骤 03 ❶输入相应的文字内容；❷点击"完成"按钮，如图 13-11 所示。

步骤 04 执行操作后，即可添加文字，按住文字并拖曳，适当调整文字的位置，如图 13-12 所示。

步骤 05 此时，用户还可以选择不同的文字模板，更改样式，如图 13-13 所示。

步骤 06 点击右下角的 ✔ 按钮确认修改，并发布视频，即可预览文字效果，如图 13-14 所示。

图 13-9　点击"文字"按钮

图 13-10　选择文字模板

图 13-11　输入文字

图 13-12　调整文字的位置

图 13-13　更改文字模板

图 13-14　预览文字效果

131　使用快手App添加字幕效果

在快手 App 的"文字"编辑界面中，用户可以切换至"字幕"选项卡，点击"+
自动识别字幕"按钮，如图 13-15 所示。此时系统会自动识别视频中的语音内容，
并提取字幕内容，如图 13-16 所示。

图 13-15　点击"+ 自动识别字幕"按钮

图 13-16　自动识别视频中的语音内容

132　使用剪映App添加文字内容

　　剪映 App 除了能够自动识别和添加字幕外，用户也可以使用它给自己拍摄的短视频添加合适的文字内容，下面介绍具体的操作方法。

步骤 01 打开剪映 App，在主界面中点击"开始创作"按钮，如图 13-17 所示。

步骤 02 进入"照片视频"界面，❶ 选择合适的视频素材；❷ 点击"添加到项目"按钮，如图 13-18 所示。

图 13-17　点击"开始创作"按钮　　图 13-18　选择合适的视频素材

步骤 03 执行操作后，即可打开该视频素材，并点击底部的"文本"按钮，如图 13-19 所示。

步骤 04 进入文本编辑界面，用户可以长按文本框，选择剪贴板中的文字来快速输入，如图 13-20 所示。

图 13-19　点击"文本"按钮　　图 13-20　进入文本编辑界面

步骤 05 在文本框中输入符合短视频主题的文字内容，如图 13-21 所示。

步骤 06 点击右下角的☑按钮确认，即可添加文字，在预览区中按住文字素材并拖曳，即可调整文字的位置，如图 13-22 所示。

图 13-21　输入文字

图 13-22　调整文字的位置

133　设置短视频中的文字样式效果

以上一例效果为例，在时间轴面板中拖曳文字图层两侧的控制柄，即可调整文字的出现时间和持续时长，如图 13-23 所示。点击文字右上角的☑按钮，进入"样式"界面，选择相应的字体，如"宋体"，效果如图 13-24 所示。

图 13-23　剪辑文字图层

图 13-24　更改字体效果

　　字体下方为描边样式，用户可以选择相应的样式模板快速应用描边效果，如图 13-25 所示。同时，用户也可以点击底部的"描边"选项，切换至该选项卡，在其中也可以设置描边的颜色和粗细度参数，如图 13-26 所示。

　　图 13-25　应用描边效果

　　图 13-26　设置描边效果

　　切换至"阴影"选项卡，在其中可以设置文字阴影的颜色和透明度，添加阴影效果，让文字显得更为立体，如图 13-27 所示。切换至"字间距"选项卡，用户可以拖动滑块调整文本框中的字间距效果，如图 13-28 所示。

　　图 13-27　添加阴影效果

　　图 13-28　调整字间距

切换至"对齐"选项卡，用户可以在此选择左对齐、水平居中对齐、右对齐、垂直上对齐、垂直居中对齐和垂直下对齐等多种对齐方式，让文字的排列更加错落有致，如图 13-29 所示。点击右上角的"导出"按钮，导出视频后，即可预览文字效果，如图 13-30 所示。

图 13-29 设置对齐方式

图 13-30 预览文字效果

134 制作酷炫的短视频花字效果

用户在给短视频添加标题时，可以使用剪映 App 的"花字"功能来制作，下面介绍具体方法。

步骤 01 在剪映 App 中导入一个视频素材，点击左下角的"文本"按钮，如图 13-31 所示。

步骤 02 进入文本编辑界面，点击"新建文本"按钮，如图 13-32 所示。

图 13-31 点击"文本"按钮

图 13-32 点击"新建文本"按钮

步骤 **03** 在文本框中输入符合短视频主题的文字内容，如图 13-33 所示。

步骤 **04** ❶在预览区中按住文字素材并拖曳，调整文字的位置；❷在界面下方切换至"花字"选项卡，如图 13-34 所示。

图 13-33　输入文字

图 13-34　调整文字的位置

步骤 **05** 在"花字"选项区中选择相应的样式，即可快速为文字应用"花字"效果，如图 13-35 所示。

图 13-35　应用"花字"效果

步骤 06 这里选择一个与背景色反差较大的"花字"样式效果，如图 13-36 所示。

步骤 07 按住文本框右下角的  按钮并拖曳，即可调整文字的大小，效果如图 13-37 所示。

图 13-36　选择"花字"样式　　　　　图 13-37　调整文字的大小

步骤 08 点击右下角的 ✅ 按钮确认，即可添加"花字"文本，单击"导出"按钮导出视频文件，预览视频效果，如图 13-38 所示。

图 13-38　预览视频效果

135　制作有趣的短视频气泡文字

剪映 App 中提供了丰富的气泡文字模板，能够帮助用户快速制作出精美的短视频文字效果，下面介绍具体的操作方法。

步骤 01　在剪映 App 中导入一个视频素材，点击底部的"文本"按钮，如图 13-39 所示。

步骤 02　进入文本编辑界面，点击"新建文本"按钮，如图 13-40 所示。

 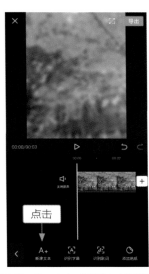

图 13-39　点击"文本"按钮　图 13-40　点击"新建文本"按钮

步骤 03　执行操作后，进入文本编辑界面，点击"气泡"标签，如图 13-41 所示。

步骤 04　执行操作后，切换至"气泡"选项卡，下方显示了很多气泡文字模板，如图 13-42 所示。

图 13-41　点击"气泡"标签　图 13-42　切换至"气泡"选项卡

步骤 05 点击相应的气泡文字模板，即可在预览窗口中应用相应的气泡文字，效果如图 13-43 所示。

步骤 06 在文本框中输入相应的文字内容，如图 13-44 所示。

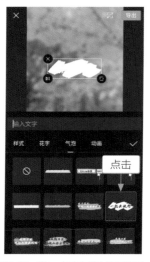

图 13-43 点击气泡文字模板

图 13-44 输入文字内容

步骤 07 切换至"样式"选项卡，设置相应的文字样式效果，如图 13-45 所示。

步骤 08 切换至"气泡"选项卡，点击相应的气泡文字模板，即可更换模板效果，如图 13-46 所示。

图 13-45 设置文字样式

图 13-46 更换模板效果

步骤 **09** 用户可以在其中多尝试一些模板，找到最为合适的气泡文字模板效果，如图 13-47 所示。

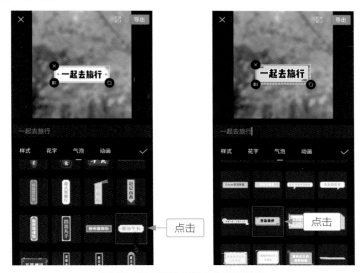

图 13-47　更换气泡文字模板效果

步骤 **10** 点击✅按钮确认，添加气泡文字，如图 13-48 所示。

步骤 **11** 点击"导出"按钮导出视频，预览视频效果，如图 13-49 所示。

图 13-48　添加气泡文字

图 13-49　预览视频效果

136 制作新颖的视频动画文字效果

动画文字也是一种非常新颖、火爆的短视频形式，下面介绍使用剪映 App 制作视频动画文字效果的操作方法。

步骤 01 在剪映 App 中导入一个视频素材，点击"文本"按钮，如图 13-50 所示。

步骤 02 进入文本编辑界面，点击"新建文本"按钮，如图 13-51 所示。

图 13-50 点击"文本"按钮　图 13-51 点击"新建文本"按钮

步骤 03 进入文本编辑界面，输入相应的文字内容，如图 13-52 所示。

步骤 04 切换至"花字"选项卡，在下方的窗口中选择一个合适的花字样式模板，让短视频的文字主题更加突出，效果如图 13-53 所示。

图 13-52 输入文字内容　图 13-53 选择花字样式

步骤 05 切换至"动画"选项卡，在"入场动画"选项区中选择"卡拉 OK"动画效果，如图 13-54 所示。

步骤 06 拖曳滑块，适当调整入场动画的持续时间，如图 13-55 所示。

图 13-54　选择入场动画　　　　　图 13-55　调整持续时间

步骤 07 在"出场动画"选项区中选择"缩小"动画效果，并适当调整动画的持续时间，如图 13-56 所示。

步骤 08 设置"循环动画"为"跳动"，并调整快慢选项，如图 13-57 所示。

图 13-56　设置出场动画　　　　　图 13-57　设置循环动画

步骤 09 点击✅按钮确认添加动画文字，点击"导出"按钮导出视频，预览视频效果，如图 13-58 所示。

图 13-58　预览视频效果

137　自动识别短视频中的字幕内容

剪映 App 的识别字幕功能准确率非常高，能够帮助用户快速识别并添加与视频时间对应的字幕图层，提升制作短视频的效率，下面介绍具体的操作方法。

步骤 01 在剪映 App 中导入一个视频素材，点击"文本"按钮，如图 13-59 所示。

步骤 02 进入文本编辑界面，点击"识别字幕"按钮，如图 13-60 所示。

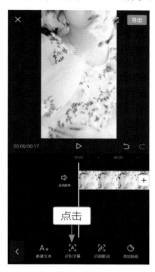

图 13-59　点击"文本"按钮　　　　图 13-60　点击"识别字幕"按钮

步骤 03 执行操作后，弹出"自动识别字幕"对话框，点击"开始识别"按钮，如图 13-61 所示。如果视频中本身存在字幕，可以选中"同时清空已有字幕"单选按钮，快速清除原来的字幕。

步骤 04 执行操作后，软件开始自动识别视频中的语音内容，如图 13-62 所示。

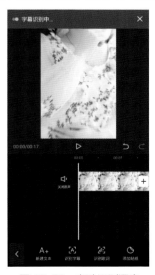

图 13-61　点击"开始识别"按钮　　　　图 13-62　自动识别语音

步骤 05 稍等片刻，即可完成字幕识别，并自动生成对应的字幕图层，效果如图 13-63 所示。

步骤 06 拖曳时间轴，可以查看字幕效果，如图 13-64 所示。

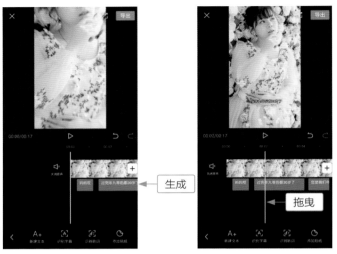

图 13-63　生成字幕图层　　　　　　图 13-64　查看字幕效果

步骤 07 在"时间轴"面板中选择相应的字幕，并在预览窗口中适当调整文字的大小，如图 13-65 所示。

步骤 08 点击"样式"按钮，还可以设置字幕的字体、描边、阴影、对齐方式等选项，如图 13-66 所示。

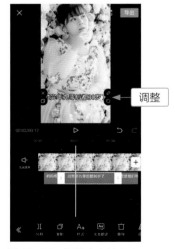

图 13-65　调整文字的大小　　　　　　图 13-66　设置字幕样式

步骤 09 切换至"气泡"选项卡，为字幕添加一个气泡边框效果，突出字幕内容，如图 13-67 所示。

步骤 10 点击 ✓ 按钮，确认添加气泡文字效果，如图 13-68 所示。

图 13-67　添加气泡边框效果

图 13-68　添加字幕效果

步骤 11 点击"导出"按钮，导出视频，预览视频效果，如图 13-69 所示。

图 13-69　预览视频效果

138 自动识别短视频中的歌词内容

　　除了识别短视频字幕外，剪映 App 还能够自动识别短视频中的歌词内容，可以非常方便地为背景音乐添加动态歌词效果，下面介绍具体操作方法。

步骤 01 在剪映 App 中导入一个视频素材，点击"文本"按钮，如图 13-70 所示。

步骤 02 进入文本编辑界面，点击"识别歌词"按钮，如图 13-71 所示。

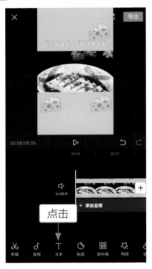

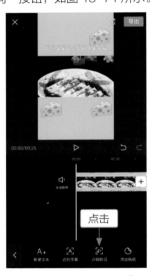

图 13-70　点击"文本"按钮　　　　图 13-71　点击"识别歌词"按钮

步骤 03 执行操作后，弹出"识别歌词"对话框，点击"开始识别"按钮，如图 13-72 所示。

步骤 04 执行操作后，软件开始自动识别视频背景音乐中的歌词内容，如图 13-73 所示。

　　专家提醒　如果视频中本身存在歌词，可以选中"同时清空已有歌词"单选按钮，快速清除原来的歌词内容。

步骤 05 稍等片刻，即可完成歌词识别，并自动生成歌词图层，如图 13-74 所示。

步骤 06 拖曳时间轴，可以查看歌词效果，选中相应歌词，点击"样式"按钮，如图 13-75 所示。

图 13-72 点击"开始识别"按钮

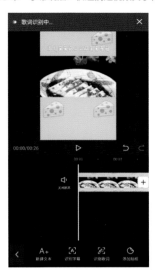

图 13-73 开始识别歌词

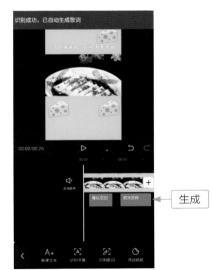

图 13-74 生成歌词图层

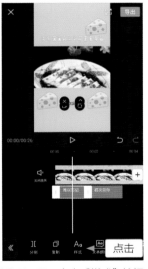

图 13-75 点击"样式"按钮

步骤 07 切换至"动画"选项卡，为歌词添加一个"卡拉 OK"的入场动画效果，如图 13-76 所示。

步骤 08 使用同样的操作方法，为其他歌词添加动画效果，如图 13-77 所示。

步骤 09 点击"导出"按钮导出视频，预览视频效果，如图 13-78 所示。

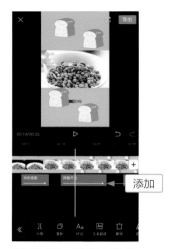

图 13-76　设置入场动画效果　　　　图 13-77　添加动画效果

图 13-78　预览视频效果

139　文本朗读自动将文字转为语音

剪映 App 的"文本朗读"功能能够自动将短视频中的文字内容转化为语音，提升观众的观看体验。下面介绍将文字转语音的操作方法。

步骤 01 在剪映 App 中导入一个视频素材，点击"文本"按钮，如图 13-79 所示。

步骤 02 进入文本编辑界面，点击选中相应的字幕图层，如图 13-80 所示。

图 13-79　点击"文本"按钮　　图 13-80　点击字幕图层

步骤 03 执行操作后，进入该字幕的编辑界面，点击底部的"样式"按钮，如图 13-81 所示。

步骤 04 执行操作后，进入"样式"编辑界面，如图 13-82 所示。

图 13-81　点击"样式"按钮　　图 13-82　进入"样式"编辑界面

步骤 **05** 拖曳底部的"透明度"滑块，将字幕的"透明度"调到最低，隐藏视频中的字幕效果，如图 13-83 所示。

步骤 **06** 点击 ✓ 按钮返回，并点击"文本朗读"按钮，如图 13-84 所示。

图 13-83　调整透明度　　　　　图 13-84　点击"文本朗读"按钮

步骤 **07** 执行操作后，弹出"识别文本中"对话框，开始自动识别和转化文字为语音，如图 13-85 所示。

步骤 **08** 稍等片刻，即可识别成功，此时字幕图层的上方出现了一条蓝色的线条，说明自动添加了音频，如图 13-86 所示。

图 13-85　识别文本　　　　　图 13-86　显示蓝色线条

步骤 09 点击左下角的 **◀** 按钮，返回主界面，可以看到音频轨中自动生成了一个音频图层文件，如图 13-87 所示。

步骤 10 使用以上同样的操作方法，将其他字幕转化为音频，如图 13-88 所示。

图 13-87　生成音频图层

图 13-88　转化其他字幕为音频

步骤 11 点击"导出"按钮，导出视频，预览视频效果，如图 13-89 所示。

图 13-89　预览视频效果

140 为短视频添加字幕贴纸效果

剪映 App 能够直接给短视频添加字幕贴纸效果，让短视频画面更加精彩、有趣，吸引大家的目光，下面介绍具体操作方法。

步骤 01 在剪映 App 中导入一个视频素材，点击"文本"按钮，如图 13-90 所示。

步骤 02 进入文本编辑界面，点击"添加贴纸"按钮，如图 13-91 所示。

图 13-90 点击"文本"按钮　图 13-91 点击"添加贴纸"按钮

步骤 03 执行操作后，进入"添加贴纸"界面，下方窗口中显示了软件提供的所有贴纸模板，如图 13-92 所示。

步骤 04 点击相应贴纸，即可自动添加到视频画面中，如图 13-93 所示。

图 13-92 "添加贴纸"界面　图 13-93 添加烟花贴纸

步骤 05 切换至"元旦快乐"选项卡，在其中选择一个与视频主题对应的文字贴纸，如图 13-94 所示。

步骤 06 点击 ✓ 按钮，添加贴纸效果，并生成对应视频图层，如图 13-95 所示。

图 13-94 添加文字贴纸

图 13-95 生成贴纸视频图层

步骤 07 在"时间轴"面板中选择文字贴纸图层，调整其持续时间和起始位置，如图 13-96 所示。

步骤 08 单击"动画"按钮，设置"入场动画"为"旋入"，如图 13-97 所示。

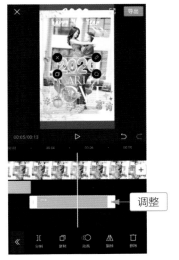

图 13-96 调整贴纸视频图层

图 13-97 设置"入场动画"

步骤 **09** 点击"出场动画"标签，切换至该选项卡，选择"旋出"动画效果，如图 13-98 所示。

步骤 **10** 点击"循环动画"标签，切换至该选项卡，选择"心跳"动画效果，如图 13-99 所示。

图 13-98 设置"出场动画"

图 13-99 设置"循环动画"

步骤 **11** 点击✅按钮，为贴纸添加动画效果，点击"导出"按钮导出视频，预览视频效果，如图 13-100 所示。

图 13-100 预览视频效果

141　制作短视频片头镂空文字效果

下面介绍使用剪映 App 制作短视频片头镂空文字效果的操作方法。

步骤 01 在剪映 App 中导入一个纯黑色视频素材，点击"文本"按钮，如图 13-101 所示。

步骤 02 进入文本编辑界面，点击"新建文本"按钮，如图 13-102 所示。

图 13-101　点击"文本"按钮　图 13-102　点击"新建文本"按钮

步骤 03 执行操作后，进入"样式"编辑界面，在文本框中输入相应的文字内容，如图 13-103 所示。

步骤 04 在下方选择"特黑体"字体样式，效果如图 13-104 所示。

图 13-103　输入文字内容　图 13-104　设置字体样式

步骤 05 将文字视频导出，并导入一个背景视频素材，点击"画中画"按钮，如图 13-105 所示。

步骤 06 进入画中画编辑界面，点击"新增画中画"按钮，如图 13-106 所示。

图 13-105　点击"画中画"按钮　　　　图 13-106　点击"新增画中画"按钮

步骤 07 ❶在视频库中选择刚做好的文字视频；❷点击"添加到项目"按钮，如图 13-107 所示。

步骤 08 执行操作后，导入文字视频素材，如图 13-108 所示。

图 13-107　选择文字视频素材　　　　图 13-108　导入文字视频素材

步骤 09 在视频预览窗口中，调整文字视频画面的大小，使其铺满整个画面，如图 13-109 所示。

步骤 10 在"时间轴"面板中适当调整文字视频的长度，如图 13-110 所示。

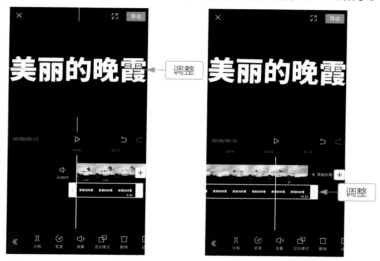

图 13-109　调整画面大小　　　　　图 13-110　调整文字视频的长度

步骤 11 点击"混合模式"按钮进入其编辑界面，在其中选择"正片叠底"选项，如图 13-111 所示。

步骤 12 点击✓按钮，即可添加"正片叠底"混合模式效果，如图 13-112 所示。

图 13-111　选择"正片叠底"选项　　　图 13-112　混合视频效果

步骤 **13** 点击"导出"按钮，导出视频，预览视频效果，如图 13-113 所示。

图 13-113　预览视频效果

142　制作"打字机"文字动画效果

下面介绍使用剪映 App 制作"打字机"文字动画效果的操作方法。

步骤 **01** 在剪映 App 中导入一个视频素材，点击"特效"按钮，如图 13-114 所示。

步骤 **02** 执行操作后，进入特效编辑界面，如图 13-115 所示。

图 13-114　点击"特效"按钮

图 13-115　进入特效编辑界面

步骤 **03** 在特效菜单中，选择"缩放"动画特效，如图 13-116 所示。

步骤 **04** 拖曳"动画时长"滑块，设置"动画时长"为 1.6s，如图 13-117 所示。点击✅按钮，应用动画效果。

图 13-116　选择"缩放"动画特效　　　　图 13-117　设置"动画时长"

步骤 **05** 返回主界面，点击"文本"按钮进入文本编辑界面，点击"新建文本"按钮，如图 13-118 所示。

步骤 **06** 在文本框中输入相应的文字内容，如图 13-119 所示。

图 13-118　点击"新建文本"按钮　　　　图 13-119　输入文字内容

步骤 07 ▶ 拖曳文本框右下角的 ◨ 图标，适当调整文本框的大小和位置，效果如图 13-120 所示。

步骤 08 ▶ 在"样式"选项区中选择一个合适的字体，效果如图 13-121 所示。

图 13-120　调整文本框的大小和位置　　图 13-121　选择合适的字体

步骤 09 ▶ 切换至"动画"选项卡，在"入场动画"选项区中，选择"打字机Ⅰ"效果，如图 13-122 所示。

步骤 10 ▶ 拖曳底部的滑块，调整动画效果的持续时间，如图 13-123 所示。

图 13-122　选择"打字机Ⅰ"效果　　图 13-123　调整动画效果的持续时间

步骤 11 点击 ✓ 按钮，添加字幕动画效果，如图 13-124 所示。

步骤 12 点击 《 按钮返回主界面，点击"特效"按钮，在"梦幻"选项区中选择"爱心光波"特效，如图 13-125 所示。

图 13-124　添加字幕动画效果　　　　图 13-125　选择"爱心光波"特效

步骤 13 点击 ✓ 按钮添加特效，并点击"导出"按钮导出视频，预览视频效果，如图 13-126 所示。

图 13-126　预览视频效果

第 14 章

视频后期：在手机上完成 Vlog 剪辑

如今，短视频的剪辑工具越来越多，功能也越来越强大。本章以剪映 App 为例介绍视频后期处理的常用操作方法，这是一款功能非常全面的手机剪辑工具，能够让用户轻松在手机上完成 Vlog 剪辑。

143　对短视频进行剪辑处理

下面介绍使用剪映 App 对短视频进行剪辑处理的操作方法。

步骤 01　在剪映 App 中导入一个视频素材，点击左下角的"剪辑"按钮，如图 14-1 所示。

步骤 02　执行操作后，进入视频剪辑界面，如图 14-2 所示。

图 14-1　点击"剪辑"按钮　　图 14-2　进入视频剪辑界面

步骤 03　移动时间轴至两个片段的相交处，点击"分割"按钮，即可分割视频，如图 14-3 所示。

步骤 04　点击"变速"按钮，可以调整视频的播放速度，如图 14-4 所示。

图 14-3　分割视频　　图 14-4　变速处理界面

步骤 **05** 移动时间轴，❶选择视频的片尾，❷点击"删除"按钮，如图14-5所示。

步骤 **06** 执行操作后，即可删除片尾，如图14-6所示。

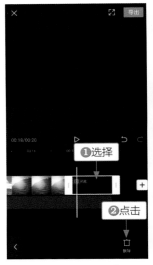

图 14-5　点击"删除"按钮　　　图 14-6　删除片尾

步骤 **07** 在视频剪辑界面点击"编辑"按钮，可以对视频进行旋转、镜像、裁剪等编辑处理，如图14-7所示。

步骤 **08** 在视频剪辑界面点击"复制"按钮，可以快速复制选择的视频片段，如图14-8所示。

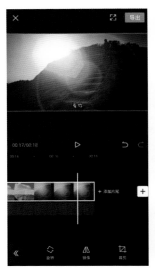

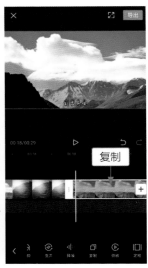

图 14-7　视频编辑功能　　　图 14-8　复制选择的视频片段

步骤 **09** 在视频剪辑界面点击"倒放"按钮，系统会对所选择的视频片段进行倒放处理，并显示处理进度，如图14-9所示。

步骤 **10** 稍等片刻，即可倒放所选视频，如图14-10所示。

图 14-9 显示倒放处理进度

图 14-10 倒放所选视频

步骤 11 在视频剪辑界面点击"定格"按钮，出现操作提示，如图 14-11 所示。

步骤 12 根据提示进行操作，使用双指放大时间轴中的画面片段，即可延长该片段的持续时间，实现定格效果，如图 14-12 所示。

图 14-11 操作提示

图 14-12 实现定格效果

步骤 13 点击右上角的"导出"按钮，即可导出视频，效果如图 14-13 所示。

图 14-13 导出并预览视频

144 使用剪映制作画中画效果

"画中画"效果是指在同一个视频中同时显示多个视频的画面，下面介绍具体的制作方法。

步骤 01 在剪映 App 中导入一个视频素材，点击底部的"画中画"按钮，如图 14-14 所示。

步骤 02 进入"画中画"编辑界面，点击"新增画中画"按钮，如图 14-15 所示。

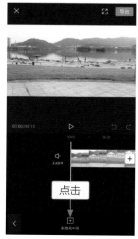

图 14-14 点击"画中画"按钮　　　图 14-15 点击"新增画中画"按钮

步骤 **03** 进入手机视频库，❶选择第 2 个视频；❷点击"添加到项目"按钮，如图 14-16 所示。

步骤 **04** 执行操作后，即可导入第 2 个视频，如图 14-17 所示。

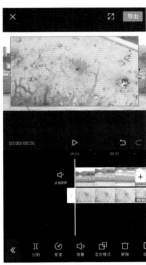

图 14-16　点击"添加到项目"按钮　　　　图 14-17　导入第 2 个视频

步骤 **05** 返回主界面，点击底部的"比例"按钮，如图 14-18 所示。

步骤 **06** 在比例菜单中选择 9 : 16 选项，调整屏幕比例，如图 14-19 所示。

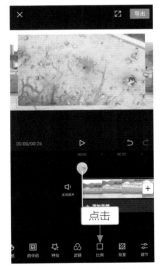

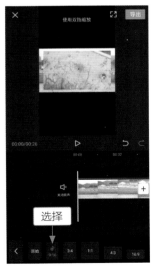

图 14-18　点击"比例"按钮　　　　图 14-19　选择 9 : 16 选项

步骤 **07** 返回"画中画"编辑界面，选择第 2 个视频，在视频预览区中放大画面，并适当调整其位置，如图 14-20 所示。

步骤 **08** 点击"新增画中画"按钮，进入手机视频库，❶选择第 3 个视频；❷点击"添加到项目"按钮，如图 14-21 所示。

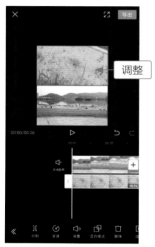

图 14-20　调整视频的大小和位置　　　图 14-21　添加第 3 个视频

步骤 **09** 添加第 3 个视频，并适当调整其大小和位置，如图 14-22 所示。

步骤 **10** 在视频结尾处删除片尾，并删除多余的视频画面，将 3 个视频片段的长度调成一致，如图 14-23 所示。

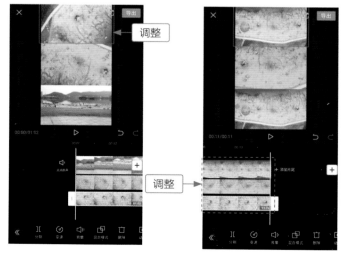

图 14-22　添加并调整视频　　　　图 14-23　调整视频长度

步骤 **11** 点击右上角的"导出"按钮，即可导出视频，预览画中画视频效果，如图 14-24 所示。

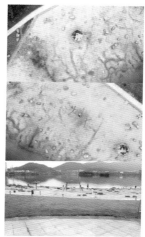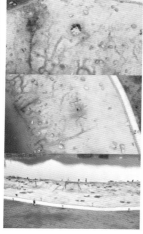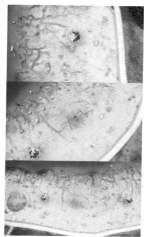

图 14-24　导出并预览视频

145　为短视频添加酷炫的特效

下面介绍使用剪映 App 为短视频添加特效的操作方法。

步骤 **01** 在剪映 App 中导入一个视频素材，点击底部的"特效"按钮，如图 14-25 所示。

步骤 **02** 进入"特效"编辑界面，在"基础"特效列表框中选择"开幕"特效，如图 14-26 所示。

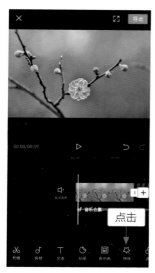

图 14-25　点击"特效"按钮

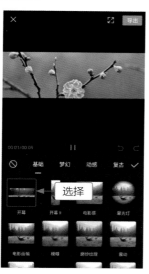

图 14-26　选择"开幕"特效

步骤 03 ▶ 进入"画面特效"界面，并添加"开幕"特效，如图 14-27 所示。

步骤 04 ▶ 选择"开幕"特效，拖曳其时间轴右侧的白色拉杆，调整特效的持续时间，如图 14-28 所示。

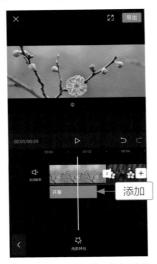

图 14-27　添加"开幕"特效

图 14-28　调整特效的持续时间

步骤 05 ▶ ❶拖曳时间轴至"开幕"特效的结束位置；❷点击"画面特效"按钮，如图 14-29 所示。

步骤 06 ▶ 在"梦幻"特效列表框中选择"蝴蝶Ⅱ"特效，如图 14-30 所示。

图 14-29　点击"画面特效"按钮

图 14-30　选择"蝴蝶Ⅱ"特效

步骤 **07** 执行操作后，即可添加"蝴蝶Ⅱ"特效，如图 14-31 所示。

步骤 **08** ❶拖曳时间轴至"蝴蝶Ⅱ"特效的结束位置；❷点击"画面特效"按钮，如图 14-32 所示。

图 14-31　添加"蝴蝶Ⅱ"特效

图 14-32　点击"画面特效"按钮

步骤 **09** 在"基础"特效列表框中选择"闭幕"特效，如图 14-33 所示。

步骤 **10** 执行操作后，即可在视频结尾处添加"闭幕"特效，如图 14-34 所示。

图 14-33　选择"闭幕"特效

图 14-34　添加"闭幕"特效

步骤 11 点击右上角的"导出"按钮，即可导出视频预览特效，如图 14-35 所示。

图 14-35　导出并预览视频

146 为短视频添加滤镜效果

　　下面介绍使用剪映 App 为短视频添加滤镜效果的操作方法。

步骤 01 在剪映 App 中导入一个视频素材，点击底部的"滤镜"按钮，如图 14-36 所示。

步骤 02 进入"滤镜"编辑界面，点击"新增滤镜"按钮，如图 14-37 所示。

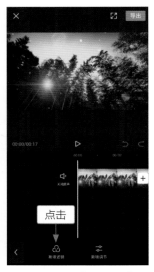

图 14-36　点击"滤镜"按钮　图 14-37　点击"新增滤镜"按钮

步骤 03 调出滤镜菜单，根据视频场景选择合适的滤镜效果，如图 14-38 所示。

步骤 04 选中滤镜时间轴，拖曳右侧的白色拉杆，调整滤镜的持续时间与视频一致，如图 14-39 所示。

图 14-38　选择合适的滤镜效果

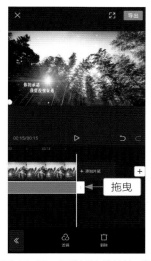

图 14-39　调整滤镜的持续时间

步骤 05 点击底部的"滤镜"按钮，调出滤镜菜单，再次点击所选择的滤镜效果，拖曳白色圆圈滑块，适当调整滤镜程度，如图 14-40 所示。

步骤 06 点击"导出"按钮导出视频，预览视频效果，如图 14-41 所示。

图 14-40　调整滤镜程度

图 14-41　预览视频效果

147 制作创意短视频背景效果

下面介绍使用剪映 App 制作短视频背景效果的操作方法。

步骤 01 在剪映 App 中导入一个视频素材，点击底部的"比例"按钮，如图 14-42 所示。

步骤 02 调出比例菜单，选择 9：16 选项，调整屏幕显示比例，如图 14-43 所示。

步骤 03 返回主界面，点击"背景"按钮，如图 14-44 所示。

图 14-42 点击"比例"按钮

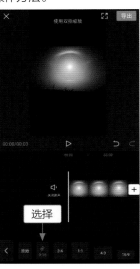
图 14-43 选择 9：16 选项

步骤 04 进入"背景编辑"界面，点击"画布颜色"按钮，如图 14-45 所示。

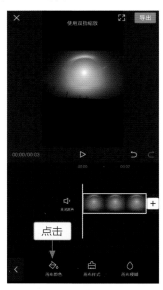
图 14-44 点击"背景"按钮　　图 14-45 点击"画布颜色"按钮

步骤 05 调出"画布颜色"菜单，用户可以在其中选择合适的背景颜色效果，如图 14-46 所示。

步骤 06 在"背景"编辑界面中点击"画布样式"按钮，调出相应菜单，如图 14-47 所示。

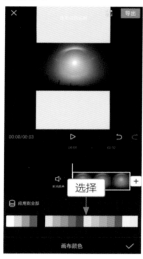

图 14-46 选择背景颜色效果

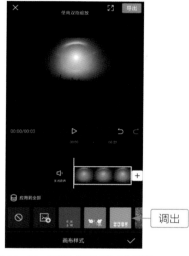

图 14-47 调出"画布样式"菜单

步骤 07 用户可以在下方选择默认的画布样式模板，如图 14-48 所示。

步骤 08 另外，用户也可以点击 按钮，打开手机相册，在其中选择合适的背景图片或视频，如图 14-49 所示。

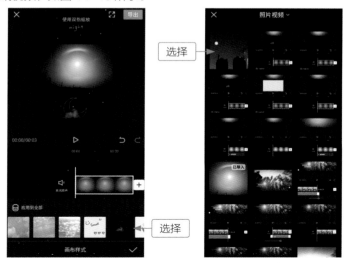

图 14-48 选择画布样式模板　　图 14-49 选择背景图片

步骤 09 执行操作后，即可设置自定义的背景效果，如图 14-50 所示。

步骤 10 在"背景"编辑界面中点击"画布模糊"按钮，调出相应菜单，选择合适的模糊程度，即可制作出抖音中火爆的分屏模糊视频效果，如图 14-51 所示。

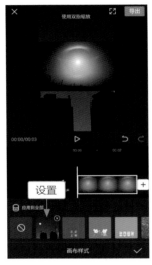

图 14-50 设置自定义的背景效果

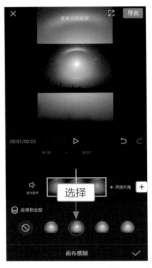

图 14-51 选择合适的模糊程度

步骤 11 点击右上角的"导出"按钮，即可导出视频预览特效，可以看到画面分为上下三屏，上端和下端的分屏呈模糊状态显示，而中间的画面则呈清晰状态显示，可以让画面主体更加聚焦，如图 14-52 所示。

  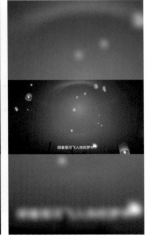

图 14-52 导出并预览视频

148 调整视频画面的光影色调

下面介绍使用剪映 App 调整视频画面的光影色调的操作方法。

步骤 01 在 剪 映
App 中导入一个视
频素材，点击底部
的 "调节" 按钮，
如图 14-53 所示。

步骤 02 调出调节
菜单，选择 "亮度"
选项，向右拖曳滑
块，即可提亮画面，
如图 14-54 所示。

图 14-53　点击 "调节" 按钮　　图 14-54　调整画面亮度

步骤 03 选择 "对
比度" 选项，适当
向右拖曳滑块，增
强画面的明暗对比
效果，如图 14-55
所示。

步骤 04 选择 "饱
和度" 选项，适当
向右拖曳滑块，增
强画面的色彩饱和
度，如图 14-56
所示。

图 14-55　调整画面对比度　　图 14-56　调整画面色彩饱和度

步骤 05 适当向右拖曳"锐化"滑块，增加画面的清晰度，如图 14-57 所示。

步骤 06 适当向右拖曳"高光"滑块，可以增加画面中高光部分的亮度，如图 14-58 所示。

图 14-57 调整画面清晰度 　　图 14-58 调整画面高光亮度

步骤 07 适当向右拖曳"阴影"滑块，可以增加画面中阴影部分的亮度，如图 14-59 所示。

步骤 08 适当向右拖曳"色温"滑块，增强画面暖色调效果，如图 14-60 所示。

图 14-59 调整画面阴影亮度 　　图 14-60 调整画面色温

步骤 **09** 适当向左拖曳"色调"滑块，增强天空的蓝色效果，如图 14-61 所示。

步骤 **10** 选择"褪色"选项，向右拖曳滑块可以降低画面的色彩浓度，如图 14-62 所示。

图 14-61　调整画面色调

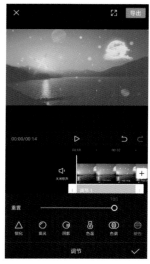

图 14-62　调整"褪色"选项效果

步骤 **11** 点击右下角的 ✔ 按钮，应用影调调节效果，如图 14-63 所示。

步骤 **12** 调整"调节"效果的持续时间，与视频时间保持一致，如图 14-64 所示。

图 14-63　应用影调调节效果

图 14-64　调整"调节"效果的持续时间

步骤 13 点击右上角的"导出"按钮，导出并预览视频，效果如图 14-65 所示。

图 14-65　导出并预览视频

149　为短视频添加动画效果

下面介绍使用剪映 App 为短视频添加动画效果的操作方法。

步骤 01 在剪映 App 中导入一个视频素材，点击选择相应的视频片段，如图 14-66 所示。

步骤 02 进入视频片段的剪辑界面，点击底部的"动画"按钮，如图 14-67 所示。

图 14-66　选择相应视频片段　　图 14-67　点击"动画"按钮

步骤 03 调出"动画"菜单，在其中选择"降落旋转"动画效果，如图 14-68 所示。

步骤 04 根据需要适当调整"动画时长"选项，如图 14-69 所示。

图 14-68　选择"降落旋转"动画效果　　图 14-69　调整"动画时长"

步骤 05 选择第 2 段视频，添加"抖入放大"动画效果，如图 14-70 所示。

步骤 06 选择第 3 段视频，添加"向右甩入"动画效果，如图 14-71 所示。

图 14-70　添加"抖入放大"动画效果　图 14-71　添加"向右甩入"动画效果

步骤 07 点击✅按钮，确认添加多个动画效果，并点击右上角的"导出"按钮，导出并预览视频，效果如图 14-72 所示。

图 14-72　导出并预览视频

150　为短视频添加转场效果

　　下面介绍使用剪映 App 为短视频添加转场效果的操作方法。

步骤 01　在剪映 App 中导入一个视频素材，点击两个视频片段中间的 |I| 图标，如图 14-73 所示。

步骤 02　执行操作后，进入"转场"编辑界面，如图 14-74 所示。

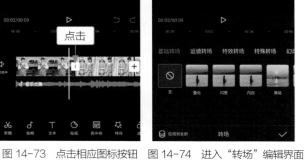

图 14-73　点击相应图标按钮　图 14-74　进入"转场"编辑界面

步骤 03 切换至"特殊转场"选项卡，选择"放射"转场效果，如图 14-75 所示。

步骤 04 适当向右拖曳"转场时长"滑块，调整转场效果的持续时间，如图 14-76 所示。

图 14-75　选择"放射"转场效果

图 14-76　调整转场时长选项

步骤 05 依次点击"应用到全部"按钮和 ✔ 按钮，确认添加转场效果，点击第 2 个视频片段和第 3 个视频片段中间的 ⋈ 图标，如图 14-77 所示。

步骤 06 切换至"特效转场"选项卡，选择"炫光"转场效果，如图 14-78 所示。

图 14-77　点击相应图标按钮

图 14-78　选择"炫光"转场效果

步骤 **07** 点击✅按钮修改转场效果，点击右上角的"导出"按钮，导出并预览视频，效果如图 14-79 所示。

图 14-79　导出并预览视频

151　对两个视频进行合成处理

下面介绍使用剪映 App 对两个视频进行合成处理的操作方法。

步骤 **01** 在剪映 App 中导入一个视频素材，点击"画中画"按钮，如图 14-80 所示。

步骤 **02** 进入"画中画"编辑界面，点击底部的"新增画中画"按钮，如图 14-81 所示。

图 14-80　点击"画中画"按钮　图 14-81　点击"新增画中画"按钮

步骤 03 进入手机素材库，选择要合成的视频素材，如图 14-82 所示。

步骤 04 点击"添加到项目"按钮，即可添加视频素材，如图 14-83 所示。

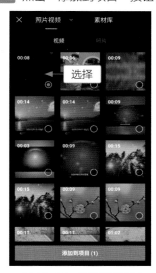

图 14-82　选择视频素材

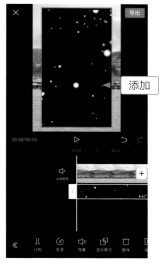

图 14-83　添加视频素材

步骤 05 在视频预览区中适当调整视频素材的大小和位置，如图 14-84 所示。

步骤 06 点击"混合模式"按钮，调出其菜单，选择"滤色"选项，即可合成雪景视频效果，如图 14-85 所示。

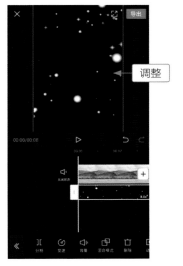

图 14-84　调整视频素材

图 14-85　选择"滤色"选项

步骤 07 点击✅按钮添加"混合模式"效果，点击右上角的"导出"按钮，导出并预览视频，效果如图 14-86 所示。

图 14-86　导出并预览视频

152 制作"逆世界"镜像特效

下面介绍使用剪映 App 制作"逆世界"镜像特效的操作方法。

步骤 01 在剪映 App 中导入一个视频素材，点击选择相应的视频片段，如图 14-87 所示。

步骤 02 进入视频片段的剪辑界面，向下拖曳视频调整其位置，如图 14-88 所示。

图 14-87　选择相应的视频片段　　图 14-88　调整视频位置

步骤 03 点击"画中画"按钮，再次导入相同的视频素材，如图 14-89 所示。

步骤 04 ❶将视频放大至全屏；❷并点击底部的"编辑"按钮，如图 14-90 所示。

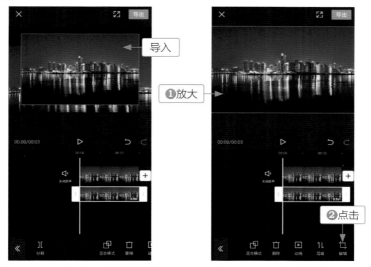

图 14-89　导入相同的视频素材　　　图 14-90　点击"编辑"按钮

步骤 05 进入编辑界面，点击两次"旋转"按钮，旋转视频，如图 14-91 所示。

步骤 06 点击"镜像"按钮，水平翻转视频画面，如图 14-92 所示。

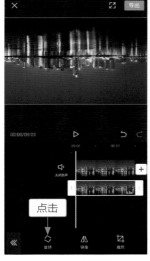

图 14-91　旋转视频　　　　　　图 14-92　水平翻转视频画面

步骤 **07** 点击"裁剪"按钮，对视频画面进行适当裁剪，如图 14-93 所示。

步骤 **08** 点击☑按钮确认编辑操作，并对两个视频的位置进行适当调整，完成"逆世界"镜像特效的制作，如图 14-94 所示。

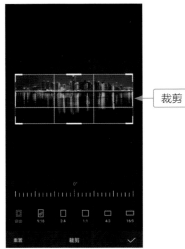

图 14-93　裁剪视频画面　　　　图 14-94　制作镜像视频特效

153　制作"灵魂出窍"特效

下面介绍使用剪映 App 制作"灵魂出窍"画面特效的操作方法。

步骤 **01** 在剪映 App 中导入一个视频素材，如图 14-95 所示。

步骤 **02** 点击"画中画"按钮，进入其编辑界面，点击"新增画中画"按钮，如图 14-96 所示。

图 14-95　导入视频素材　　图 14-96　点击"新增画中画"按钮

步骤 03 再次导入相同场景和机位的视频素材，如图 14-97 所示。注意，两个视频中的人物位置不要站在一起，如第 1 个视频中的人物站着不动，第 2 个视频中的人物向前方跑动。

步骤 04 ❶将视频放大，使其铺满整个屏幕；❷并点击底部的"不透明度"按钮，如图 14-98 所示。

图 14-97　导入视频素材　　图 14-98　点击"不透明度"按钮

步骤 05 拖曳滑块，将"不透明度"调整为 35，如图 14-99 所示。

步骤 06 点击✅按钮，即可合成两个视频画面，并形成"灵魂出窍"的效果，如图 14-100 所示。

图 14-99　设置"不透明度"选项　　图 14-100　合成两个视频画面

263

第 15 章

音频处理：好音乐让你快速上热门

学前提示

　　音频是短视频中非常重要的内容元素，选择好的背景音乐或者语音旁白，能够让你的作品不费吹灰之力就能上热门。本章主要介绍短视频的音频处理技巧，包括选择背景音乐、后期配音、音频剪辑、添加音效和变声玩法等。

154 在抖音中添加背景音乐

背景音乐 (Background Music，简称 BGM) 是拍摄抖音不可缺少的一步。下面介绍在抖音中添加 BGM 的方法。

步骤 01 进入抖音拍摄界面，点击顶部的"选择音乐"按钮，如图 15-1 所示。

步骤 02 执行操作后，进入"选择音乐"界面，用户可以点击"歌单分类"右侧的"查看全部"按钮，通过分类菜单来选择适合拍摄场景的背景音乐，如图 15-2 所示。

图 15-1 点击"选择音乐"按钮　图 15-2 通过歌单分类查找音乐

步骤 03 另外，用户也可以在"选择音乐"界面的搜索框中输入相应关键词，查找合适的背景音乐，如图 15-3 所示。

步骤 04 选择好音乐后，点击"使用"按钮，即可使用该背景音乐拍摄短视频，如图 15-4 所示。

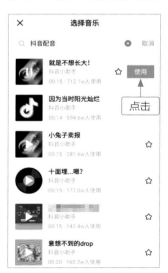

图 15-3 搜索背景音乐　　图 15-4 添加背景音乐

155　在快手中添加背景音乐

　　快手中添加背景音乐的操作与抖音类似，用户可以在拍摄界面中点击右下角的"音乐"按钮，如图 15-5 所示。进入"曲库"界面，可以在此选择系统推荐的背景音乐，选好后点击"使用并开拍"按钮即可，如图 15-6 所示。

图 15-5　点击"音乐"按钮

图 15-6　点击"使用并开拍"按钮

专家提醒　用户如果看到喜欢的音乐，也可以点击右侧的 ☆ 按钮，将其收藏起来，待下次拍摄视频时可以进入"收藏"界面快速选择该背景音乐。

156　使用抖音剪切背景音乐

　　在抖音中添加背景音乐后，用户还可以对背景音乐进行剪切，只选取自己想要的那一部分，以及调整背景音乐和视频原声的音量大小，避免视频中的声音过于杂乱。下面介绍使用抖音剪切背景音乐的具体操作方法。

步骤 01　在抖音中选择好背景音乐并拍完视频后，进入视频编辑界面，点击左下角的"选配乐"按钮，如图 15-7 所示。

步骤 02 执行操作后，进入"配乐"界面，点击右侧的 按钮，如图 15-8 所示。

图 15-7　点击"选配乐"按钮

点击

图 15-8　点击相应按钮

步骤 03 用户可以左右拖动声谱，来剪取相应的音乐片段，如图 15-9 所示。

步骤 04 在"配乐"界面点击"音量"按钮，切换至该选项卡，用户可以在此调整视频原声和配乐的音量大小，如图 15-10 所示。

图 15-9　拖动声谱剪取背景音乐

图 15-10　调整音量大小

157 使用快手剪切背景音乐

使用快手剪切背景音乐非常方便，用户可以在选择音乐时直接点击相应背景音乐名称右侧的✂️按钮，进入背景音乐选取界面，拖曳白色滑块选择背景音乐的起始位置即可，如图 15-11 所示。选择好音乐片段后，点击右上角的☑️按钮，即可开始拍摄短视频。拍完视频后，进入后期处理界面，点击"配乐"按钮，如图 15-12 所示。弹出"推荐"菜单，用户可以在其中更换配乐，以及调整原声和配乐的音乐大小，如图 15-13 所示。点击"录音"按钮，进入其界面，用户可以点击橙色的圆形按钮进行后期配乐，如图 15-14 所示。在"录音"界面中选中"视频原声"按钮，将在录音的同时保留视频原声。

图 15-11 选择音乐起始位置 　图 15-12 点击"配乐"按钮

图 15-13 "推荐"菜单　　　图 15-14 "录音"界面

158　使用抖音进行变声处理

在抖音中上传拍摄好的短视频作品，进入视频后期处理界面，点击右侧的"变声"按钮，如图 15-15 所示。

执行操作后，弹出"变声"菜单，在其中选择合适的变声效果即可，如小哥哥、颤音、电音、回音等，如图 15-16 所示。注意，变声功能将会对原声和配乐同时生效。

图 15-15　点击"变声"按钮　图 15-16　选择合适的变声效果

159　使用快手进行变声处理

在快手中上传拍摄好的短视频作品，进入视频后期处理界面，点击"配乐"按钮打开"推荐"菜单，点击"变声"按钮，如图 15-17 所示。执行操作后，即可切换至"变声"选项卡，选择合适的变声效果即可，如机器人、萝莉、大叔、小姐姐、回声、电音等，同时还可以调整原声和配乐的音量大小，如图 15-18 所示。

图 15-17　点击"变声"按钮　图 15-18　选择合适的变声效果

160 使用剪映录制语音旁白

下面介绍使用剪映 App 录制语音旁白的操作方法。

步骤 01 在剪映 App 中导入视频素材，点击"关闭原声"按钮，将短视频原声设置为静音，如图 15-19 所示。

步骤 02 点击"音频"按钮，进入其编辑界面，点击"录音"按钮，如图 15-20 所示。

步骤 03 进入"录音"界面，按住红色的录音键不放，即可开始录制语音旁白，如图 15-21 所示。

图 15-19 关闭原声　　图 15-20 点击"录音"按钮

步骤 04 录制完成后，松开录音键即可，自动生成音频图层，如图 15-22 所示。

图 15-21 开始录音　　　　　　　　图 15-22 完成录音

161　使用剪映导入本地音频

下面介绍使用剪映 App 导入本地音频的操作方法。

步骤 01　在 剪 映 App 中导入视频素材，点击"添加音频"按钮，如图 15-23 所示。

步骤 02　进入音频编辑界面，点击"音乐"按钮，如图 15-24 所示。

步骤 03　进入"添加音乐"界面，❶ 切换至"导入音乐"中的"本地音乐"选项卡；在下方的列表框中选择相应音频素材，❷点击"使用"按钮，如图 15-25 所示。

图 15-23　点击"添加音频"按钮　　图 15-24　点击"音乐"按钮

步骤 04　执行操作后，即可添加本地背景音乐，如图 15-26 所示。

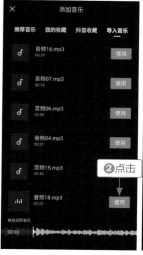

图 15-25　选择本地音频　　　　　图 15-26　添加本地背景音乐

162 裁剪分割背景音乐素材

下面介绍使用剪映 App 裁剪与分割背景音乐素材的操作方法。

步骤 01 以上一例效果为例，向右拖曳音频图层前的白色拉杆，即可裁剪音频，如图 15-27 所示。

步骤 02 按住音频图层向左拖曳至视频的起始位置，完成音频的裁剪操作，如图 15-28 所示。

步骤 03 ❶拖曳时间轴，将其移至视频的结尾处；❷选择音频图层；❸点击"分割"按钮；❹即可分割音频，如图 15-29 所示。

步骤 04 选择第 2 段音频，点击"删除"按钮，删除多余音频，如图 15-30 所示。

图 15-27 裁剪音频素材　　图 15-28 调整音频位置

图 15-29 分割音频　　　　　图 15-30 删除多余的音频

163　消除录好音频中的噪声

如果录音环境比较嘈杂，用户可以在后期使用剪映 App 来消除短视频中的噪声。

步骤 01 在剪映 App 中导入视频素材，点击底部的"降噪"按钮，如图 15-31 所示。

步骤 02 执行操作后，弹出"降噪"菜单，如图 15-32 所示。

图 15-31　点击"降噪"按钮　　图 15-32　弹出"降噪"菜单

步骤 03 ❶打开"降噪开关"；❷系统会自动进行降噪处理，并显示处理进度，如图 15-33 所示。

步骤 04 处理完成后，自动播放视频，点击✅按钮确认即可，如图 15-34 所示。

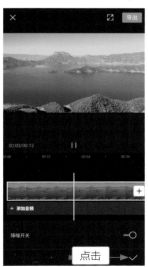

图 15-33　进行降噪处理　　图 15-34　自动播放视频

164 设置音频淡入淡出效果

　　设置音频淡入淡出效果后，可以让短视频的背景音乐显得不那么突兀，给观众带来更加舒适的视听感。下面介绍使用剪映App设置音频淡入淡出效果的方法。

步骤 01 在剪映App中导入视频素材，选择相应的音频图层，如图15-35所示。

步骤 02 进入音频编辑界面，点击底部的"淡化"按钮，如图15-36所示。

图 15-35　选择音频素材　　图 15-36　点击"淡化"按钮

步骤 03 进入"淡化"界面，设置相应的淡入时长和淡出时长，如图15-37所示。

步骤 04 点击 ✅ 按钮，即可给音频添加淡入淡出效果，如图15-38所示。

图 15-37　设置淡化参数　　图 15-38　添加淡入淡出效果

165　处理音频的变速与变声

在处理短视频的音频素材时，用户可以给其增加一些变速或者变声的特效，让声音效果变得更有趣。

在剪映 App 中导入视频素材，并录制一段声音，选择录音文件，并点击底部的"变声"按钮，如图 15-39 所示。执行操作后，弹出"变声"菜单，用户可以在其中选择合适的变声效果，如大叔、萝莉、女生、男生等，点击✅按钮确认即可，如图 15-40 所示。

图 15-39　点击"变声"按钮　图 15-40　选择合适的变声效果

选择录音文件后，点击底部的"变速"按钮弹出相应菜单，拖曳红色圆环滑块即可调整声音变速参数，如图 15-41 所示。

点击✅按钮，可以看到经过变速处理后的录音文件的持续时间明显变短了，同时还会显示变速倍速，如图 15-42 所示。

图 15-41　调整声音变速参数　图 15-42　变速处理音频素材

166 添加有趣的短视频音效

剪映 App 中提供了很多有趣的音频特效，用户可以根据短视频的情境来增加音效，如新年、综艺、游戏、转场、机械、手机、美食、环境音、动物、交通、悬疑等，如图 15-43 所示。

图 15-43　剪映 App 中的音效

例如，在展现燃放烟花的短视频中，就可以选择"环境音"下面的"烟花声"音效，如图 15-44 所示。再例如，在拍摄动物短视频时，可以选择"动画"下面的对应音效，如猫叫、狗叫、鸟叫等，如图 15-45 所示。

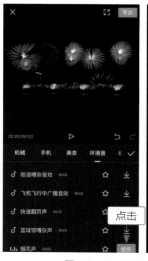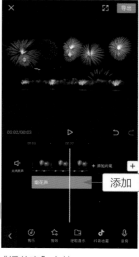

图 15-44　添加"烟花声"音效　　　　图 15-45　添加"鸟叫"音效

167 一键提取视频中的音乐

下面介绍使用剪映 App 一键提取视频中音乐的操作方法。

步骤 01 在剪映 App 中导入视频素材，点击底部的"音频"按钮，如图 15-46 所示。

步骤 02 进入音频编辑界面，点击"提取音乐"按钮，如图 15-47 所示。

图 15-46 点击"音频"按钮 图 15-47 点击"提取音乐"按钮

步骤 03 进入手机素材库，❶选择要提取音乐的视频文件；❷点击"仅导入视频的声音"按钮，如图 15-48 所示。

步骤 04 执行操作后，即可提取并导入视频中的音乐文件，如图 15-49 所示。

图 15-48 选择相应视频文件 图 15-49 提取并导入音乐文件

168 自动踩点制作卡点视频

下面介绍使用剪映 App 的"自动踩点"功能制作卡点短视频的操作方法。

步骤 01 在剪映 App 中导入视频素材，并添加相应的卡点背景音乐，如图 15-50 所示。

步骤 02 选择音频图层，进入音频编辑界面，点击底部的"踩点"按钮，如图 15-51 所示。

图 15-50 添加卡点背景音乐　　图 15-51 点击"踩点"按钮

步骤 03 进入"踩点"界面，❶开启"自动踩点"功能；❷并选择"踩节拍Ⅰ"选项，如图 15-52 所示。

步骤 04 点击 ☑ 按钮，即可在音乐鼓点的位置添加对应的点，如图 15-53 所示。

图 15-52 开启"自动踩点"功能　　图 15-53 添加对应黄点

步骤 05 调整视频的持续时间，将每段视频的长度对准音频中的黄色小圆点，如图 15-54 所示。

步骤 06 选择视频片段，点击"动画"按钮，给所有的视频片段都添加"向下甩入"的动画效果，如图 15-55 所示。

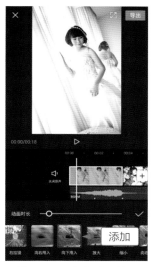

图 15-54　对齐鼓点　　　　　　　图 15-55　添加动画效果

步骤 07 点击右上角的"导出"按钮，导出并预览视频效果，如图 15-56 所示。

图 15-56　导出并预览视频效果